社会主义新农村建设书系
优质高效农产品知识普及读本
服务“三农”重点出版物出版工程

绿色食品150问

张 真 王兆林 张冬梅 编著

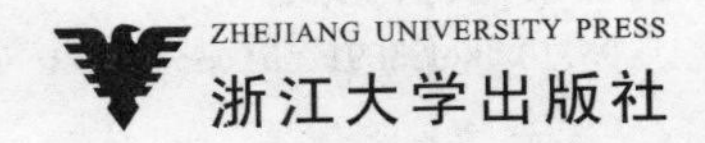
ZHEJIANG UNIVERSITY PRESS
浙江大学出版社

图书在版编目(CIP)数据

绿色食品150问/张真,王兆林,张冬梅编著.—杭州：浙江大学出版社，2013.11

ISBN 978-7-308-12157-6

Ⅰ.①绿… Ⅱ.①张… ②王… ③张… Ⅲ.①绿色食品-问题解答 Ⅳ.①TS2-44

中国版本图书馆CIP数据核字(2013)第200594号

绿色食品150问

张　真　王兆林　张冬梅　编著

丛书策划　阮海潮（ruanhc@zju.edu.cn）

责任编辑　何　瑜（wsheyu@163.com）

封面设计　续设计

出版发行　浙江大学出版社

（杭州市天目山路148号　邮政编码 310007）

（网址：http://www.zjupress.com）

排　　版　浙江时代出版服务有限公司

印　　刷　浙江省良渚印刷厂

开　　本　710mm×1000mm　1/16

印　　张　11.5

字　　数　150千

版 印 次　2013年11月第1版　2013年11月第1次印刷

书　　号　ISBN 978-7-308-12157-6

定　　价　25.00元

前言

绿色食品是指遵循可持续发展原则，按照特定生产方式生产，经专门机构认定，许可使用绿色食品标志的无污染的安全、优质、营养类食品。为了适应现代农业发展的需要，全面提升我国农产品的质量安全水平，国务院及有关部门给予了大力支持，《国务院关于开发“绿色食品”有关问题的批复》（国函 [1991] 第91号）、《国务院关于发展高产优质高效农业的决定》和国家工商行政管理局和农业部联合发文《关于依法使用、保护“绿色食品”商标标志的通知》（工商标字 [1992] 第77号）对进一步加强绿色食品开发、管理工作提供了有利条件。

为有助于推进绿色食品认证工作，提升绿色食品发展水平，我们根据相关法律、法规和文件，参阅了“中国绿色食品网”，组织编写了《绿色食品150问》一书。本书比较详细地介绍了绿色食品的概念、绿色食品生产、绿色食品生产中的肥料和农药使用、绿色食品的认证、绿色食品的标志、绿色食品加工、贮藏和运输、绿色食品的监管等，内容深入浅出，文字通俗易懂，可供农业龙头企业、农民专业合作社、家庭农场、专业种养大户和专业技术人员阅读参考。

由于编者的水平有限及相关政策在随时调整，书中不妥之处在所难免，敬请广大读者和行业专家多加批评指正。

编　者

2013年9月

目　录

第一章　食品与人类健康

第二章 绿色食品的概念

第三章 绿色食品生产

第四章　绿色食品生产中的肥料使用

第五章 绿色食品生产中的农药使用

第六章 主要绿色食品生产要求

第七章 绿色食品的认证

第九章　绿色食品加工、贮藏和运输

第十章　绿色食品的监管

第一章　食品与人类健康

1. 怎样合理搭配食品营养?

营养素是人类维持正常的生理功能、满足机体正常生长发育、新陈代谢和劳动工作所需要的从外界摄入的物质。食品营养就是指食品中含有人体必需营养素的种类以及它们的数量和质量。人体需要的营养物质分别是蛋白质、脂肪、碳水化合物、矿物质、维生素、纤维素和水。《黄帝内经》中有“五谷为养，五果为助，五畜为益，五蔬为充”的说法。不同的食物，能够为人体提供不同的营养素；不恰当的饮食，会引起糖尿病、高

血压、肥胖症等慢性疾病的产生。因此，合理搭配食物内容，科学调整食物结构是满足人体正常营养需求、保障消费者身体健康的必要措施。

2. 为什么会产生农业环境污染？

随着世界经济的发展，环境污染对人类生存构成的威胁已越来越多地引起人们关注。我国农业环境的主要问题有水土流失严重、耕地质量下降、工业及农用化学品污染严重、旱涝灾害频繁等。在这些问题中，不同地域的突出矛盾不同。从农作物生产来说，农业环境污染影响关系最大。据报道，20世纪70年代初全国年排放污水量110亿～146亿吨，目前每年废污水排放总量已高达620亿吨，其中大部分未经处理直接排入了水体。经监测的532条河流中有436条受到了不同程度的污染。每年因污染事故造成鱼虾贝类死亡达20万吨。近些年来，化肥、农药用量大增还使土壤板结、农产品质量下降、农田生态平衡失调。

对农业生产环境造成污染的主要来源有：

(1)化肥用量大增，造成土壤板结，物理性状变差。目前我国大部分地区每公顷化肥施用量已大大超过了世界平均施用量，化肥中氮肥又占了80%以上，化肥中的氮、磷、钾比例严重失调。其结果是，化肥大量淋失，并成为水体富营养化的重要污染源。

(2)农药大量使用造成新的生态问题。生产上使用的农药除10%～20%粘附在作物上外，40%～60%降落到地面，5%～30%飘浮在空气中，并最终进入农业环境。农田使用农药打破了原来的生态平衡，使农药防治对象“猖獗”，并导致次要病虫害上升。农药的长期使用造成防治对象的抗药性增强，致使用药量、用药浓度和频率不断提高。过分依赖化学农药造成农产品过量农药残留，尽管像20世纪70年代农产品普遍受有机氯农药污染的现象已不复存在，但有机磷农药在农作物上，特别是在蔬菜上的超标残留现象经常发生，严重的还因蔬菜中农药残留过高而造成人畜中毒。

(3)农业废弃物。随着现代农业的发展，农业废弃物越来越多，若未能充分利用和合理转化，就成了农村的污染源，其中最严重的是畜禽粪便污染。

3．农药对环境产生怎样的污染？

农药对环境产生的污染，主要是由于人类活动直接或间接地向环境中输入了超过其自净能力的农药，从而使环境的质量降低，以致影响了人类及其他生物安全的现象。污染的范围主要有：

一是对土壤的污染。施入农田的大部分农药残留在土壤中，80%~90%的农药量将最终进入土壤。农药对土壤的污染，与使用农药的基本理化性质、施药地区的自然环境条件以及农药使用的历史等密切相关。不同的农药，由于其理化特性的不同，在土壤中的降解速度也不一样，从而决定了在土壤中的残留时间也不一样。一般而言，农药在土壤中的降解速度越慢，残留期就越长，就越容易导致对土壤的污染；用药地区的自然环境条件，如土壤性质、土壤环境中的微生物种类和数量等，气候条件中的光照、降水等以及农业耕作、栽培等众多因素都影响着农药在土壤中的残留。

二是对水体的污染。农药对水体的污染主要来自于：

①直接向水体施药；

②农田使用的农药随雨水或灌溉水向水体的迁移；

③农药生产、加工企业废水的排放；

④大气中的残留农药随降雨进入水体；

⑤在农药使用过程中，雾滴或粉尘微粒随风飘移沉降进入水体以

及施药工具和器械的清洗等。

一般情况下，受农药污染最严重的是农田水，浓度最高时可达到每升数十毫克数量级，但其污染范围较小；随着农药在水体中的迁移扩散，从田沟水至河流水，污染程度逐步减弱，其浓度通常在每升微克至毫克数量级之间，但污染范围逐步扩大。不同水体遭受农药污染程度的次序依次为农田水＞田沟水＞径流水＞塘水＞浅层地下水＞河流水＞自来水＞深层地下水＞海水。

三是农药对大气的污染。大气中农药污染的途径主要来源于：

①地面喷雾或喷粉施药；

②农药生产、加工企业废气直接排放；

③残留农药的挥发等。

大气中的残留农药漂浮物或被大气中的飘尘所吸附，或以气体与气溶胶的状态悬浮在空气中。空气中残留的农药，将随着大气的运动而扩散，使大气的污染范围不断扩大，对一些具有高稳定性的农药，如有机氯农药，能够进入到大气对流层中，从而传播到很远的地方，使污染区域不断扩大。

4. 化肥对环境产生怎样的污染？

随着现代农业的发展，化肥越来越多地在农业上使用，从而促进了农业生产的发展。据定点试验结果表明，化肥对粮食产量的贡献率，平均为40.8%，具体到每个作物，小麦为60%，玉米为46%，水稻为32%～35%。尽管化肥在农作物增产中有着不可替代的作用，但由于化肥使用量逐年增加，且无机化现象越来越普遍，致使化肥利用率有所下降，环境污染越来越重。化肥对环境产生的污染首先是对土壤的污染。

一是土壤硝酸盐的累积。化学氮肥施入土壤中，均要转化为铵态氮和硝态氮方可被植物吸收。铵态氮在土壤通气的情况下，经过硝化作用转化为硝态氮，在土壤微生物的作用下，可转化为亚硝酸盐，进一步氧化形成硝酸盐。如果氮肥施用过多，不仅会造成作物贪青，甚至倒伏，而且在土壤中转化为硝态氮的含量就会明显增加，作物从土壤中就会吸收大量的硝态氮，特别是白菜、甘蓝、芹菜、生菜等叶菜类蔬菜极喜吸收硝态氮。这样，作物体内的硝酸盐含量迅速增加并在体内积累，人食用含硝酸盐过多的蔬菜或其他食物时，将硝酸盐一并食入。

二是土壤理化性质的改变。长期施用化肥对土壤酸度有较大影响。投入的大量化肥，加快了土壤中有机碳的消耗，随着化肥施用量的逐年增加，土壤有机碳、氮的消减已成为全球性的问题。在我国，普遍发生有机质减少的现象。施肥不仅可促使土壤中的某些营养元素活化，而且也可促使其固定，使之转化为植物不能利用的形态。如大量施用磷肥，常可促使土壤中活性锌含量显著降低，造成植物的锌饥饿，从而影响植物的营养状况。

其次是对水体的污染。化肥从农田流失到水域中的途径主要有：径流、农田排水和渗漏淋洗。化肥中营养元素氮、磷流失到水域中，一方面会造成化肥的损失，另一方面也会造成地表水体富营养化和地下水体硝酸盐污染等后果。

化肥特别是氮、磷肥通过流失到达水体后，造成水体中的氮、磷和碳等营养的富集，导致某些特征性藻类(主要为蓝藻、绿藻等)的异常增殖，使水体透明度下降，溶解氧降低，水生生物随之大批死亡，水体变得腥臭难闻。据统计，我国130多个大中型湖泊已有60多个遭受富营养化问题，根本原因在于过量氮、磷的迁移，其中来自农田的氮、磷占据了相当比例。如山东南四湖来自农田的氮、磷分别为35%和68%，云南滇池分别为17%和28%。

再次是对大气的污染。化肥对大气环境的污染影响主要集中在氮肥上，氨挥发及氮氧化物的释放等会使大气中氮含量增加而带来一系列的影响。硝化及反硝化释放氧化氮到大气中造成温室效应，氮肥的使用对其他温室气体的释放也有影响。而且甲烷、二氧化碳等气体在大气中浓度的增加，不仅能引起温室效应，而且还能够造成臭氧层的破坏。

5. 农业废弃物对环境产生怎样的污染？

农业废弃物包括畜禽粪便、农作物秸秆、农业塑料、生活垃圾和工业废弃物，它们造成环境污染的影响各不相同。

首先是畜禽粪便的环境污染。畜禽粪便中含有大量的氮、磷等营养物质，是营养丰富的有机肥。数千年来，我国农民一直将畜禽粪便作为提高土壤肥力的主要来源。畜禽粪便既是宝贵的资源，又是一个严重的污染源，如不经妥善处理即排入环境，将会对地表水、地下水、土壤和空气造成严重的污染，并危及畜禽本身及人体健康。特别是一些专业畜禽养殖场，畜禽粪便不仅没有被认为是资源，而且被视为环境的污染源，一些畜牧场的粪便没有出路，长期堆放，任其日晒雨淋，致使空气恶臭，蚊蝇孳生，污染周围环境。有的山区还有一种比较传统的习惯，猪舍中的栏肥上地之前要先晒干，然后再施用到作物上，这样不仅损失了大量的养分，而且也污染了环境。1999年，全国畜禽粪便达19亿吨，是工业固体废弃物的2.4倍。在畜牧业生产中，清洗、消毒等所产生的污水数量更是大大超过畜禽粪便的排放量，这些污水中含有大量的有机物质和消毒剂的化学成分，且可能含有病原微生物和寄生虫卵等。未经过处理的污水流入河流、水塘、湖泊，由于细菌的作用，大量消耗水中的氧气，使水体由好氧分解变为厌氧分解，水体变质，并导致富营养化，既污染环境，又危害人体健康。

其次是农作物秸秆的环境污染。据报道，世界上种植的各种谷物每年可提供秸秆17亿吨，其中大部分未加工利用。随着农村经济的发展和广大农民群众生活水平的提高，农村对秸秆的传统利用方式正在发生变化，秸秆在一些地区出现大量剩余，近年来这种变化在许多地区，特别是在经济发达地区呈现加快发展的态势。农村露天焚烧秸秆污染大气，乱堆乱弃秸秆污染水体，影响村容镇貌的问题更加突出，由此带来的是一方面农作物的秸秆没有综合利用而造成了环境的污染，另一方面由于农作物秸秆未能归还土地而造成了土壤有机质的下降，并导致农作物病虫害增多，作物品质下降。

再次是农业塑料的环境污染。农业塑料在我国的使用主要是指农、地膜。早在1958年，我国就从日本引进普通农膜，应用于水稻育秧；1978年，又从日本引进地膜覆盖技术。这些技术曾使农作物生产区域扩大，号称“白色革命”。塑料是一种高分子材料，它具有不易腐烂、难于消解的性能，因此塑料散落在土壤里会造成永久性污染。实验表明，塑料在土壤中被降解需要200年之久。而目前我国年产农用地膜30多万吨，使用的土地面积达900多万公顷，随着用量的增加，残留在土地中的地膜也日益增多。残膜碎片对土壤容重、土壤含水量、土壤孔隙度、土壤透气性、土壤透水性等都有显著影响，残膜碎片越大，影响越重。农田中的残膜多聚集在土壤耕作层和地表层，更易阻碍土壤毛细管水的移动和降水的浸透。

由于残膜碎片会破坏土壤结构，对农作物的生长影响较大。据试验，土壤中的残膜对农作物的单株鲜重、株重、茎粗、根数、果实大小等性状均有明显影响。

最后是生活垃圾和工业废弃物的环境污染。农村中生活垃圾的来源主要是农村及城镇居民的生活垃圾。生活垃圾的成分主要是厨房废弃物以及废塑料、废纸、碎玻璃、碎陶瓷、废电池及其他废弃的生活用品等，组成十分复杂。生活垃圾除含有碳、氮、磷、钾等植物需要的营养元素外，还含有一些有害元素。长期野外堆放垃圾，腐烂发臭，灰尘、病虫卵随风传播。同时，由于有机物分解和雨水淋溶，也会使某些微生物和有害化学物质渗入地下，污染地下水。未经任何处理的垃圾直接施入农田，会造成农田土壤污染和肥力下降。

工业，特别是乡镇工业，在创造了大量物质财富的同时，也使农村环境受到严重污染，排放的污染物逐年增多。乡镇工业排放的固体废弃物大多数没有经过处理，直接排放到环境中，或堆放，或填埋，大量侵占农田，造成农村环境的严重污染。

6. 怎样降低农产品污染?

在绿色食品生产活动中，禁止使用硝态氮肥料；禁止使用高毒、高残留或具有致癌、致畸、致突变作用的农药。在生产实践中，提倡多施有机肥，推广秸秆还田，多种绿肥；病虫害防治提倡“以农业的防治为基础，优先采用生物防治，协调利用物理防治，科学合理利用化学防治”的综合防治措施，力争把病虫为害损失降到最低，同时保证农产品的优质、安全、高产、高效。

同时，要加强农产品生产者的技术培训和指导。由于我国农业人口众多，对于化肥、农药的使用更多的是根据过往经验、用户之间的交流，还有的是农资店推荐用药，存在盲目用肥和施药的情况。只有通过技术培训和指导，提高生产者技术水平，才能规范种植行为，做到科学合理使用化肥、农药。

7. 农药安全间隔期指什么?

所谓农药安全间隔期是指在粮食、果树、蔬菜、茶叶、烟草等作物上最后一次施用农药后需要间隔多长时间才能收获或食用，在农业生产中，最后一次喷药与收获之间的时间必须大于安全间隔期，不允许在安全间隔期内收获作物，使作物中药剂的残留量不致超过规定的残留极限，以确保人畜食用的安全。农药使用的安全间隔期长短，一般可分为以下几个类型。

(1)高效低毒持效期短的药剂，例如敌百虫、敌敌畏、杀虫灵、马拉硫磷、二嗪磷、抗蚜威等，施药后5～10天，农产品就可采收食用。

(2)高效低毒持效期长的药剂，例如乐果、倍硫磷、甲萘威等，施药后10～14天农产品可收获食用。但也要看施药方式，如用40%乐果乳油2000倍，喷雾防治高粱蚜虫。药效期只有5～6天，但用于灌根(每株用稀释药液150～200毫升)对蚜虫的药效期可延长到22天，持效期当然相应延长。

(3)高效高毒持效期较长的农药，例如甲基对硫磷、氧乐果、磷胺、水胺硫磷等，用于防治棉花和果树上的虫害时，应在采收前30天停止用药。

(4)高效高毒持效期长的农药，例如对硫磷、久效磷、甲胺磷等，在苹果、梨、桃等果树上使用，要在采果前42天停止用药，在柑橘上则为在采果前60天停止用药。

(5)高效剧毒持效期长的农药，例如甲拌磷、涕灭威、克百威等，只能用作棉花拌种，以防治棉花苗期蚜虫、红蜘蛛和蝼蛄等地下害虫，严禁作叶面喷雾。

(6)毒性高、持效期长并有积累性中毒的药剂，例如氯丹等不能在食用作物上喷洒，只能做土壤处理，或作房屋建筑防治白蚁之用。

上述高效高毒持效期较长或长以及具有积累性中毒的农药严禁在粮食、瓜菜、水果、茶叶和中药材上使用。

8．什么是农药残留？

农药残留是指农药使用后残存于生物体、农副产品和环境中的微量农药原体、有毒代谢物、降解物和杂质的总称。残存的数量叫做残留量，以每千克样本中有多少毫克(或微克等)表示。农药残留是使用农药后的必然现象，只是残留的时间有长有短，残留的数量有大有小。

9．农药残留有什么样的危害？

农药使用后，残存的农药主要在农副产品和环境中，其危害也就在这两方面。

(1)对农副产品的危害。大多数农药按照推荐的剂量、施用方法和时间、次数，农副产品中农药残留量不会超过国家规定的标准。但由于未按规定施药，农药残留量超过标准仍时有发生。农药残留量主要为农药原体及其有毒代谢物和杂质的总残留量，如普通六六六中含杂质乙体六六六等。残留农药可以通过食物链富集到农畜产品中，例如对于滴滴涕、六六六，我国早在1983年就停止生产和使用，而过去残留在环境中极微量的滴滴涕和六六六，至今仍通过食物链富集到畜禽体内，如部分畜禽产品(兔肉、蛋)中。

(2)对环境的危害。喷洒的农药除部分落到作物或杂草上，大部分是落入田土中或漂移落到施药区以外的土壤或水域中；土壤杀虫剂、杀菌剂或除草剂直接施于土壤中。这些残留在土壤中的农药，虽不会直接引起人畜中毒，但可以被作物根系吸收，可被雨水或灌溉水带入河流或渗入地下水。涕灭威、克百威、莠去津、甲草胺、乐果等在水中溶解度较大的农药，更易被雨水淋溶而污染地下水。有的地区地下水温低、微生物活动弱，渗漏的农药分解缓慢，如涕灭威需2～3年才降解一半。

残存在土壤中的农药，还可能对后茬作物产生药害。西玛津、莠去津等均属三氮苯类除草剂，在玉米地如使用不当，对后茬小麦有药害；磺酰脲和咪唑啉酮类除草剂在土壤中残留时间很长，有的品种可达2～3年，若连年施用会在土壤中累积，极易对后茬敏感作物产生药害。

10. 农药最高残留限量指什么?

农药最高残留限量指在农产品、食品和饲料中法定的农药残留最高浓度，以每千克食物中所含农药的毫克数(毫克／千克)表示。它是按照农药标签上推荐的使用方法施用农药后，在食物中产生的最大残留量，而不是残留量的平均值。

农药最高残留限量由各国指定部门负责制定，由政府按法规公布。由于各国病虫害发生情况不同，膳食结构不同，以及农产品出口国和进口国对农药残留量要求不完全一致等因素，各国制定的农药最高残留限量往往不一样。为减少国际贸易中的纠纷，联合国粮农组织下设的农药残留法典委员会制定各种农药最高残留限量的国际标准，各国在制定最高残留限量时，都尽可能参照这个标准。

由于农药在各类作物上的施药量、施药次数和在作物上的原始沉积量不同，同一种农药在各类食物中的最高残留限量是不相同的。同一种农药在同一类农产品中最高残留限量在各个国家也是不一样的，一般农产品进口国要求严，农产品出口国要求较松。

11. 农药残留限量的标准怎样?

瓜果蔬菜的农药残留量多少一直是市民关心的话题。随着2013年3月1日新国标《食品中农药最大残留限量》（以下简称“新标准”）的实施，衡量农药残留限量有了标尺，市民的菜篮子安全又多了一道保险。新标准规定了322种农药在10大类农产品和食品中的残留限量，农药残留限量标准由原来的837个大幅扩容至2293个，基本涵盖了我国居民日常消费的主要农产品，在标准数量和覆盖率上都有较大突破。

在新标准中，蔬菜、水果等鲜食农产品的农药最大残留限量数量最多。其中，蔬菜中农药残留限量915个，水果664个，另外茶叶25个，食用菌17个。

12. 新标准对农药残留限量的要求如何?

新标准对于农产品中农药残留量的限制更加明确，也更加严格。以无公害黄瓜为例，在之前的13项监测标准中，毒死蜱等7种农药的残留值要求在0.1~0.5毫克／千克，而新标准将毒死蜱的残留限量明确为最高0.1毫克／千克。再以磷胺类农药为例，有的国家标准限量是

0.1毫克／千克，有的则禁止使用，而新的标准则统一修订成0.02毫克／千克。此外，对于百菌清、苯硫威等农药，此前不同标准也有各自的最低限量，在新标准中都得到了统一的规定。像乙烯利是一种催熟剂，虽然之前有人认为催熟剂对人体没什么危害，但新标准还是对它在食品中的残留限量作了详细规定。在玉米中，它的最大残留限量是0.5毫克／千克；在棉籽中，它的最大残留限量是2毫克／千克；在番茄、香蕉、菠萝、猕猴桃、荔枝和芒果中，乙烯利的最大残留限量都被规定在2毫克／千克。

13．农药半衰期指什么?

农药施用后，落在植物上和土壤中，或散布在空气中，都会不断地分解直至全部消失，这就是农药的降解过程。农药在某种条件下降解一半所需的时间，称为农药半衰期或农药残留半衰期。半衰期的长短不仅与农药的物理化学稳定性有关，还与施药方式和环境条件，包括口光、雨量、温湿度、土壤类型和土壤微生物、pH 值、气流、作物等有关。同一种农药在不同条件下使用后，半衰期变化幅度很大。半衰期是农药在自然界中稳定性和持久性的标志，通常以农药在土壤中和作物上的半衰期来衡量它在环境中的持久性。

农药半衰期的长短，与农药的持久毒害关系很大。半衰期长的，在农畜产品和环境中残留量大、残留时间长，给人类带来直接或间接的危害，因而必须逐步被替代或淘汰。

14. 食品在加工贮运过程中有什么安全隐患？

各种食品中含有丰富的营养物质，但是这些营养物质在食物的加工过程中可能会发生一些不良化学反应，使营养成分流失，甚至产生有毒有害物质。而且，在食品加工过程中，为了延长保存时间，增加食品的感官性质等，常常会加入少量合成的或天然的化学物质，即食品添加剂，包括色素、香精、调味品、防腐剂等，其中的大多数物质对人的肝、肾有亲和性，其解毒反应需很长时间才能完成，若摄入过多会损伤肝、肾功能，甚至诱发癌症。

肉类熏烟、腌腊时，食品中的脂类、胆固醇、蛋白质以及碳水化合物发生热解，经环化和聚合，大量形成了一种致癌物质——苯并芘。一些利用油脂加工食品的企业，为降低生产成本，长期重复使用酸败氧化的油脂，这样的油脂极具致癌性。

绝大多数食品添加剂为化学合成物质，具有一定毒性。主要的食品添加剂有亚硝酸盐、吊白块、保险粉、硼砂、过氧化氢等。不同的添加剂对人体的危害不一样，如过量地摄入防腐剂有可能会使人患上癌症；摄入过量色素则会造成人体毒素沉积，对神经系统、消化系统等都会造成伤害；增白剂中的过氧化苯甲酰水解后生成苯甲酸残留在面粉中，并随制成的食品进入人体，会对肝脏造成一定程度的损害。

食品经加工后，为延长货架期，防治外界环境的污染，需要对其进行包装。用于食品包装的材料成分多样，组成复杂，在贮藏、运输过程中直接与食品接触，大量的可迁移的物质可能渗透到食品中，继而影响食品的安全。一些运输工具在运输农药或者其他有害化学品后，未经过彻底清洗就用来运输食品，或者在食品的运输过程中，食品直接与有害化学品混运，造成食品污染。

15．绿色食品有怎样的优势？

食品既是保证人体活动、增强体质的主要能源，又是影响人们身体健康的一个不可忽视的潜在的因素，要获得安全、营养、高品质的食物就需要控制食物从生产、加工，到贮运、销售的各个环节，避免食品原料及食品受到污染，影响食品品质。

因此，安全的生长环境(清洁的水源、干净的空气、无污染的土壤)、科学的农田管理(合理施肥、农药)、严格的加工质量标准都是必不可少的条件。

绿色食品是指产自优良环境，按照规定的技术规范生产，实行全程质量控制，无污染、安全、优质并使用专用标志的食用农产品及加工品。它是在无污染的条件下种植、养殖，施有机肥料，不用高毒性、高残留农药，在标准的环境、生产技术、卫生标准下加工生产，经专门机构认定并使用专门标识的安全、优质、营养类食品的统称。

与普通食品相比，绿色食品从原料产地的生态环境入手，通过对原料产地及其周围的生态环境因子严格的监测，判定其是否具备生产绿色食品的基础条件，而不是简单地禁止生产过程中化学物质的使用。绿色食品实行“从土地到餐桌”全程质量控制。同时，政府授权专门机构管理绿色食品标志，将技术手段和法律手段有机结合起来，在生产组织和管理上更为规范化。

第二章　绿色食品的概念

16. 什么是绿色食品?

绿色食品是指遵循可持续发展原则，按照特定生产方式生产，经专门机构认定，许可使用绿色食品标志的无污染的安全、优质、营养类食品。因此，绿色食品并非指“绿颜色”的食品，而是对“无污染”食品的一种形象的表述。

“按照特定生产方式生产”，是指在生产、加工过程中按照绿色食品的标准，禁用或限制使用化学合成的农药、肥料、添加剂等生产资料及其他可能对人体健康和生态环境产生危害的物质，并实施“从土地到餐桌”全程质量控制。这是绿色食品工作运行方式中的重要部分，同时也是绿色食品质量标准的核心。

“经专门机构认定，许可使用绿色食品标志”，是指绿色食品标志是中国绿色食品发展中心在国家工商行政管理总局注册的证明商标，受《中华人民共和国商标法》保护。中国绿色食品发展中心作为商标注册人享有专用权，包括独占权、转让权、许可权和继承权。未经注册人许可，任何单位和个人不得使用。

“安全、优质、营养”指的是绿色食品的质量特性。

17. 绿色食品有什么基本特征?

绿色食品必须同时具备以下条件：产品或产品原料产地必须符合绿色食品生态环境质量标准；农作物种植、畜禽饲养、水产养殖及食品加工必须符合绿色食品的生产操作规程；产品必须符合绿色食品质量和卫生标准；产品外包装必须符合国家食品标签通用标准，符合绿色食品特定的包装、装潢和标签规定。

绿色食品与普通食品相比有三个显著特征：

(1)强调产品出自最佳生态环境。绿色食品生产从原料产地的生态环境入手，通过对原料产地及其周围的生态环境因子严格的监测，判定其是否具备生产绿色食品的基础条件，而不是简单地禁止生产过程中化学合成物质的使用。这样既可以保证绿色食品生产原料和初级产品的质量，又有利于强化企业和农民的资源和环境保护意识，最终将农业和食品工业发展建立在资源和环境可持续利用的基础上。

(2)对产品实行全程质量控制。绿色食品生产实施“从土地到餐桌”全程质量控制，而不是简单地对最终产品的有害成分含量和卫生指标进行测定，从而在农业和食品生产领域树立了全新的质量观。通过产前环节的环境监测和原料检测，产中环节具体生产、加工操作规程的落实，以及产后环节产品质量、卫生指标、包装、保鲜、运输、储藏、销售控制，确保绿色食品的整体产品质量，并提高整个生产过程的技术含量。

(3)对产品依法实行标志管理。绿色食品标志是一个质量证明商标，属知识产权范畴，受《中华人民共和国商标法》保护。政府授权专门机构管理绿色食品标志，这是一种将技术手段和法律手段有机结合起来的生产组织和管理行为，而不是一种自发的民间自我保护行为。对绿色食品产品实行统一、规范的标志管理，不仅使生产行为纳入了技术和法律监控的轨道，而且使生产者明确了自身和对他人的权益责任，同时也有利于企业争创名牌，树立名牌商标保护意识，提高企业和产品的社会知名度和影响力。

18．绿色食品应具备哪些条件？

绿色食品必须具备以下四个条件：

(1)绿色食品必须出自优良生态环境，即产地经监测，其土壤、大气、水质符合NY/T 391—2007《绿色食品　产地环境技术条件》标准的要求。

(2)绿色食品的生产过程必须严格执行绿色食品生产技术标准，即生产过程中的投入品（农药、肥料、兽药、饲料、食品添加剂等）符合绿色食品相关生产资料使用准则规定，生产操作符合绿色食品生产技术规程要求。

(3)绿色食品产品必须经绿色食品定点监测机构检验，其感官、理化（重金属、农药残留、兽药残留等）和微生物学指标符合绿色食品产品标准。

(4)绿色食品产品包装必须符合NY/T 658—2002《绿色食品　包装通用准则》标准的要求，并按相关规定在包装上使用绿色食品标志。

19．绿色食品有什么特定的生产方式？

绿色食品特定的生产方式是指按照标准生产、加工，对产品实行全程质量控制。绿色食品标准包括产地环境质量标准、生产技术标准、产品质量和卫生标准、包装标准、储藏和运输标准以及其他相关标准，构成了完整的质量控制体系。为了区别于一般普通食品，绿色食品实行标志管理，未经中国绿色食品发展中心及其委托代理单位的认证许可，任何企业、任何食品不得随意使用绿色食品的标志。

20. 绿色食品产地环境基本要求是什么？

绿色食品产地应远离工矿区、城市污染源以及交通干线，生态环境良好。绿色食品生产和加工应符合NY/T 391—2000《绿色食品 产地环境技术条件》标准及国家和地方的环境保护法律法规要求，有利于产地的环境保护和可持续发展。

21. 绿色食品的标准有哪些？

制定绿色食品标准的主要依据：欧共体关于有机农业及其有关农产品和食品条例(2092/91号)；有机农业运动国际联盟(IFOAM)有机农业和食品加工基本标准；联合国食品法典委员会(CAC)有机生产标准；我国国家环境标准；我国食品质量标准及我国绿色食品生产技术研究成果。绿色食品必须同时具备以下条件：

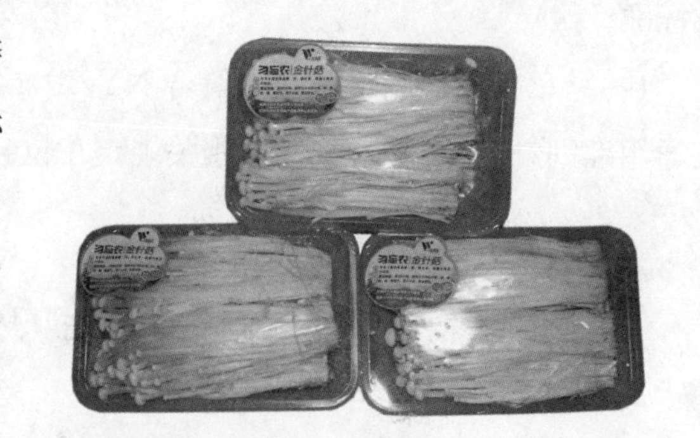

(1)产品或产品原料产地必须符合绿色食品生态环境质量标准。农业初级产品或食品的主要原料，其生长区域内没有工业企业的直接污染，水域上游、上风口没有污染源对该区域构成污染威胁。该区域内的大气、土壤、水质均符合绿色食品生态环境标准，并有一套保证措施，确保该区域在今后的生产过程中环境质量不下降。

(2)农作物种植、畜禽饲养、水产养殖及食品加工必须符合绿色食品生产操作规程。农药、肥料、兽药、食品添加剂等生产资料的使用必须符合NY/T 393—2000《绿色食品　农药使用准则》、NY/T 394—2000《绿色食品　肥料使用准则》、NY/T 392—2000《绿色食品　食品添加剂使用准则》和NY/T 472—2000《绿色食品　兽药使用准则》等标准的要求。

(3)产品必须符合绿色食品产品标准。凡冠以绿色食品的最终产品必须由中国绿色食品发展中心指定的食品监测部门依据绿色食品产品标准检测合格。绿色食品产品标准是参照有关国家、部门、行业标准制定的，通常高于或等同现行标准，有些还增加了检测项目。

(4)产品的包装、贮运必须符合绿色食品包装贮运标准。产品的外包装除必须符合国家食品标签通用标准外，还必须符合绿色食品包装和标签标准。

22. 绿色食品的卫生标准是什么？

绿色食品卫生标准一般分为三部分：农药残留、有害重金属和细菌等。农药残留通过检测杀螟硫磷、倍硫磷、敌敌畏、乐果、马拉硫磷、对硫磷、六六六、DDT、二氧化硫等物质的含量来衡量；细菌通过检测大肠杆菌和致病菌等来衡量。另外，有些产品的卫生标准中还包括黄曲霉毒素和溶剂残留量等。

例如，粮食类产品的绿色食品卫生标准检测项目有：磷化物、氢化物、二硫化碳、氯化物、氢化物、黄曲霉毒素 B_1、七氯、艾氏剂、狄氏剂、六六六、DDT、敌敌畏、乐果、马拉硫磷、对硫磷、杀螟硫磷、倍硫磷、砷、汞、镉等共21项指标，而常规的粮食类产品卫生检测项目只检测马拉硫磷、磷化物、氢化物、二硫化碳、氯化物、砷、汞、六六六、DDT、黄曲霉毒素 B_1 等10项指标。

再如，全脂加糖奶粉的绿色食品卫生标准检测项目有：铅、铜、汞、砷、锌、硒、硝酸盐、亚硝酸盐、六六六、DDT、黄曲霉素、抗生素、细菌总数、大肠菌群、致病菌15项指标。奶粉常规卫生检测一般只检测细菌、大肠菌群和致病菌。

23. 什么是A级绿色食品？

为适应我国国内消费者的需求及当前我国农业生产发展水平与国际市场竞争，从1996年开始，在申报审批过程中将绿色食品区分为A级和AA级。

A级绿色食品系指在生态环境质量符合规定标准的产地，生产过程中允许限量使用限定的化学合成物质，按特定的操作规程生产、加工，产品质量及包装经检测、检验符合特定标准，并经专门机构认定，许可使用A级绿色食品标志的产品。

AA级绿色食品系指在环境质量符合规定标准的产地，生产过程中不使用任何有害化学合成物质，按特定的操作规程生产、加工，产品质量及包装经检测、检验符合特定标准，并经专门机构认定，许可使用AA级绿色食品标志的产品。AA级绿色食品标准已经达到甚至超过国际有机农业运动联盟的有机食品的基本要求。

因AA级绿色食品的质量等同于有机食品，国家已于2008年6月停止受理 AA 级绿色食品认证。

24. 绿色食品、无公害农产品与有机食品的关系是怎样的？

绿色食品、无公害农产品和有机食品是一组与食品安全和生态环境相关的概念。

绿色食品是通过产前、产中、产后的全程技术标准和环境、产品一体化的跟踪监测，严格限制化学物质的使用，保障食品和环境的安全，促进可持续发展，并通过采用证明商标的管理方式，规范其市场秩序。

无公害食品是通过政府实施产地认定、产品认证、市场准入等一系列措施，力争用较短的时间，基本实现全国范围内食用农产品的无公害生产，是政府为保证广大人民群众饮食健康的一道基本安全线。

有机食品是通过不施用人工合成的化学物质为手段，利用一系列可持续发展的农业技术，减少生产过程对环境和产品的污染，并在生产中建立一套人与自然和谐的生态系统，以促进生物多样性和资源的可持续利用。有机食品来自于有机农业生产体系，根据有机农业生产要求和相应的标准生产加工，并通过合法的有机食品认证机构认证的一切农副产品。

我国幅员辽阔，经济发展不平衡，在全面建设小康社会的新阶段，健全农产品质量安全管理体系，提高农产品质量安全水平，增加农产品国际竞争力，是农业和农村经济发展的一个中心任务。为此，经国务院批准，农业部全面启动了“无公害食品行动计划”，并确立了“无公害食品、绿色食品、有机食品三位一体，整体推进”的发展战略。因此，有机食品、绿色食品、无公害农产品都是农产品质量安全工作的有机组成部分。

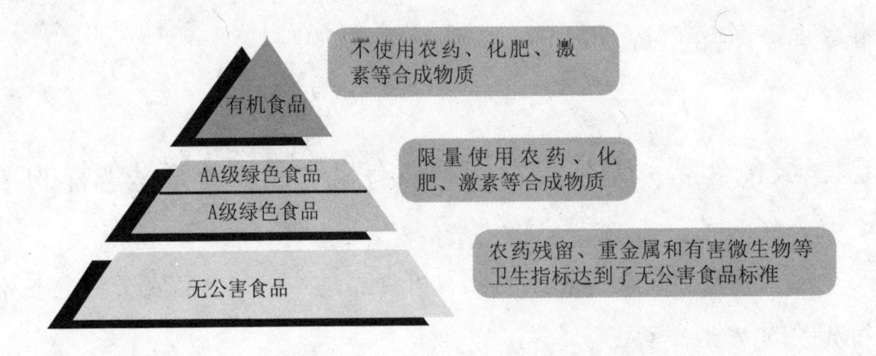

图2-1 安全食品层级示意图

25. 绿色食品、无公害农产品和有机食品各有什么不同？

随着人们对食品安全问题的日渐关注，目前市场上开始流行各种称谓的优质农产品和制成品，例如“无公害蔬菜”、“绿色食品”、“有机食品”等，消费者对此无所适从，不知哪种更可靠、更让人放心。

绿色食品、无公害农产品和有机食品都是指符合一定标准的安全食品。无公害农产品保证人们对食品质量安全最基本的需要，是最基本的市场准入条件；绿色食品达到了发达国家的先进标准，满足人们对食品质量安全更高的需求；有机食品则又是一个更高的层次，是一种真正源于自然、高营养、高品质的环保型安全食品。这三类食品像一个金字塔，塔基是无公害农产品，中间是绿色食品，塔尖是有机食品，越往上要求越严格。它们之间存在的区别主要表现在以下三点：

(1)质量标准水平不同。无公害农产品质量标准等同于国内普通食品卫生标准；绿色食品分为AA级和A级，其质量标准参照联合国粮农组织和世界卫生组织；有机食品采用欧盟和国际有机运动联盟(IPOAM)的有机农业和产品加工基本标准，强调生产过程的自然性，与传统所指的检测标准无可比性，其质量标准与AA级绿色食品标准基本相同。

(2)认证体系不同。这三类食品都必须经过专门机构认定，许可使用特定的标志，但是认证体系有所不同。无公害农产品认证体系由农业部牵头组建，目前部分省、市政府部门已制定了地方认证管理办法，各省、市有不同的标志。绿色食品由中国绿色食品发展中心在各省、市、自治区及部分计划单列市设立了40个委托管理机构，负责本辖区的有关管理工作，有统一的商标标志可在中国内地、香港地区和日本注册使用。有机食品在国际上一般由政府管理部门审核、批准的民间或私人认证机构认证，全球范围内无统一标志，各国标志呈现多样化，我国有代理国外认证机构进行有机认证的组织。

(3)生产方式不同。无公害农产品生产必须在良好的生态环境下，遵守无公害农产品技术规程，可以科学、合理地使用化学合成物；绿色食品生产是将传统农业技术与现代常规农业技术相结合，从选择、改善农业生态环境入手，通过在生产、加工过程中执行特定的生产操作规程，限制或禁止使用化学合成物及其他有毒有害生产资料，并实施“从土壤到餐桌”的全程质量控制；有机食品生产必须采用有机生产方式，绝对禁止使用农药、化肥、生长激素、化学添加剂、化学色素和防腐剂等化学物质，不使用基因工程技术。即在认证机构监督下，完全按有机生产方式生产1~3年(转化期)，被确认为有机农场后，可在其产品上使用有机标志和“有机”字样。

26. 消费者如何识别绿色食品？

目前，市场上打绿色牌子的食品越来越多，但其中有相当一部分并没有获得国家绿色食品发展中心的认证。消费者如何才能选购到货真价实的绿色食品呢？这里从绿色食品的包装及标识上作一些介绍，请消费者在选购时注意识别。

绿色食品实行的是四位一体的包装，凡绿色食品产品的包装上都同时印有绿色食品标志、文字、企业信息码，并贴有激光防伪标志。

27. 绿色食品的发展前景怎样?

随着绿色食品的推出，我国许多地区的广大农民和食品企业逐渐系统地接受、采用和推广。绿色食品得到了蓬勃的发展，并产生了显著的经济效益、社会效益和生态效益。

(1)绿色食品的发展符合世界潮流。21世纪是一个“绿色”世纪，面临日益严重的环境和资源问题，世界各国将在实施可持续发展战略承诺的基础上采取大规模实质性行动。在生产领域，日本推出了“环保型农业”发展计划，澳大利亚推出了“洁净食品”计划等；在消费领域，随着环保意识的增强，人们价值观念的转变，崇尚自然、注重安全、追求健康的思想将首先影响人们的消费行为；在国际贸易领域，对食品卫生和质量监控越来越严，对食品生产方式及其对环境的影响日益受到重视，这就要求食品在进入国际市场前经过权威机构按照通行的标准加以认证。

(2)绿色食品事业已经奠定了一个坚实的社会基础。中国绿色食品工程是由政府有组织地发动和引导的，因而具有组织性、严密性、渐进性、协调性等特点。为开发推广绿色食品，国务院及有关部门给予了大力支持，《国务院关于开发“绿色食品”有关问题的批复》(国函[1991]第91号)、国务院《关于发展高产优质高效农业的决定》和国家工商行政管理局和农业部联合发文《关于依法使用、保护“绿色食品”商标标志的通知》(工商标字[1992]第77号)对进一步加强绿色食品开发、管理工作提供了有利条件。绿色食品的开发工作目前已经列入《中国21世纪议程》。

(3)绿色食品具有巨大的市场容量和潜力。我国城乡居民的营养水平已接近世界平均水平，其中热量摄入部分已超过我国生理学会测定的中国人对热量的合理需要量(2400～2600大卡)，这说明我国城乡居民的温饱问题已经基本解决，新的消费特征，即注重质量、注重安全的特征将不可避免地体现在人们的消费行为上。

(4)开发绿色食品具有较高的经济效益。我国农业长期处于“弱质低效”状况的一个致命弱点是农工商分离、产加销脱节，而开发绿色食品实现了上述环节的有机结合，提高了农业和食品工业的经济效益。绿色食品标志商标为农产品和食品实现较高的附加值创造了条件。绿色食品符合国家产业政策，有着较好的国内、国际市场需求和潜在需求，可产生巨大的滚动增值效益。绿色食品事业的前景将会十分广阔，前途十分美好。

28. 国外绿色食品的发展情况如何？

绿色食品生产体系已基本形成。国外绿色食品的生产体系主要包括技术体系和标准体系。禁止使用化学品，提倡农业生产系统的自我维持和调控思想是这类农业技术应用的基本原则。美国农业部对有机农业的定义概括了有机农业技术体系的基本内容：有机农业是一种完全不用或者基本不用人工合成的化肥、农药、动植物生长调节剂和牧畜饲料添加剂的生产体系。有机农业在可行范围内尽量依靠作物轮作，如绿肥、场外有机废料、含有矿物养分的矿石补偿养分，利用生物和人工技术防治病虫草害。国外绿色食品标准体系大体由10个部分组成：生产和加工的主要目标、基因工程要求、农作物生产和牧畜饲养的基本要求、农作物生产标准、牧畜饲养标准和养殖标准、食品加工和储运标准、纤维加工标准、标签标准和社会公正评价标准。

绿色食品生产和贸易已经形成一定规模。由于国外绿色食品的标准体系和认证体系日趋成熟和完善，加上一些国家、部分地区认证机构的陆续成立，推动了全球绿色食品的发展。据国际有机农业运动联盟(IFOAM) 1988年的估计，自20世纪90年代以后，绿色食品生产和贸易规模占整个食物系统的1% 左右。从区域上看，欧洲、北美、日本在绿色食品的生产、销售、管理、研究、培训、认证工作等方面发展较快，标准、法规相对完善。

29. 国外绿色食品发展的趋势如何?

绿色食品的生产推动了可持续农业的发展。目前全球面临着日益严峻的环境和资源问题，世界各国已经承诺共同走可持续发展道路，作为第一产业部门的农业毫无疑问将是采取行动的重点领域。目前，全球对有机农业在保护环境和资源，消除常规农业的负面影响，促进农业可持续发展上的积极作用在认识上是一致的。未来农业要实现可持续发展，必须在健康的土地上，用洁净的生产方式，生产安全的食物，以满足全球食物消费在数量和质量上的需求。

美国政府已认识到过度依赖现代商品投入物的常规农业对资源、环境、食品卫生、人体健康造成的潜伏性、累积性、扩散性的危害，现已重视绿色食品生产方式的研究、推广，其范围不仅局限于食品，而且拓展到其他经济作物。欧盟国家已经开始对化学农药的使用进行更加严格的管理，以促进绿色食品生产方式等替代常规农业生产的发展。澳大利亚联邦政府已于20世纪90年代中期提出了可持续发展的国家农林渔业战略，并推出了“洁净食品”计划。日本也不甘落后，农林水产省已经推出“环保型农业”发展计划，并开始制定绿色食品生产法。在发展中国家，如拉丁美洲的阿根廷、非洲的肯尼亚、亚洲的斯里兰卡等国家也已开始绿色食品生产的研究和探索。

绿色食品将进入生产和贸易相互促进的发展阶段。20世纪90年代，全球农产品生产和贸易出现了三个引人注目的变化：

一是高附加值、高科技含量的农产品生产和贸易发展迅速，比重也日益增长。许多发达国家出口的农产品，高附加值、高科技含量的农产品的比重已超过了50%。

二是各国对食品卫生和质量监控越来越严，标准也越来越高，尤其是农产品生产和贸易的环保技术和产品卫生安全标准。

三是食品生产的方式及其对环境的影响日益受到重视，这就要求食品在进入国际市场前经过权威机构按照通行的标准加以认证，获得一张“绿色”通行证。

目前，国际标准化委员会(ISO)已经制定了环境国际标准

ISO14000，与以前制定的ISO9000一起作为世界贸易标准。两者的区别是：ISO9000侧重于企业的产品质量和其管理体系，而ISO14000则侧重于企业的活动、产品、服务对环境的影响。由此可见，随着世界经济一体化及贸易自由化的发展，各国在降低关税的同时，与环境技术贸易相关的非关税壁垒日趋森严，食品的生产方式、技术标准、认证管理等延伸扩展性附加条件对农产品国际贸易将产生重要影响。

各国绿色食品的标准及认证体系将进一步统一。为了指导全球绿色食品的发展，消除贸易歧视，今后，各国绿色食品标准将在以下三个方面迈向国际间协调与统一：

一是与世界食品法典委员会制定的有关食品标准，以及ISO、WTO等国际组织制定的有关产品的标准趋向协调、统一；

二是国际有机农业运动联盟(IFOAM)本身的标准要在提高指导性、原则性、规范性和权威性的基础上更好地协调地区和国家之间的标准；

三是地区和国际标准要进一步得到相互认可、相互尊重，即标准等值、地位对等，以削弱和淡化因标准歧视所引起的技术壁垒和贸易争端。

认证是确保绿色食品真实性和可信度的关键。今后绿色食品认证将在提高其科学性、权威性和规范性上有明显的进步，当然这取决于国际有机农业运动联盟(IFOAM)认证体系和各国认证方案完善的程度，以及认证组织对能力、独立、透明三个基本条件的保证。另外，在标准相互认可、对等的前提下，只要有能力和条件保证认证的公正、公平、公开，地区和国家之间在认证上也将是相互认可的，这就意味着绿色食品的认证不是局限于一个国家和地区的，而将是跨出国界的。

各国绿色食品的发展将进一步重视科学技术的研究、应用和推广，绿色食品生产技术今后主要有四个方面的研究和探索将加快进行。

一是围绕可持续农业发展体系的完善，进一步通过在生产实践中应用和推广相关技术，使“培育健康的土地，生产健康的动植物，为人类提供安全的食物”理论基础更加巩固，内容更加丰富，且具有较强的可操作性。

二是如何保持绿色食品生产技术本身的可持续进步，并提高对传统农业技术和现代农业技术筛选、组装的效率和效益。

三是以标准制定和完善为切入点，提高绿色食品生产技术水平。今后有机农业的标准不仅包括生产、加工环节，而且还将延伸到包装、运输、销售环节；不仅只注重生产、加工过程，而且还关注最终产品的质量卫生标准，即达到技术标准和优质标准的统一。

四是围绕生物肥料、生物农药、天然食品及饲料添加剂、动植物生长调节剂等生产资料的研制、开发应用和推广的步伐将加快，以尽快解决绿色食品生产过程中面临的一系列技术及服务短缺问题。

另外，建立不同类型的生产开发示范基地，以及开展不同层次、不同类型的知识和技术培训也是十分必要的，它是各国绿色食品生产能否扩大规模、提高水平的一个重要因素。

第三章 绿色食品生产

30. 绿色食品基地建设的主要特点是什么?

与一般的农产品生产基地建设相比，绿色食品基地建设有三个显著特点：

一是以提升产品安全优质水平为核心。保证产品原料质量安全符合绿色食品标准要求，是加工产品企业通过绿色食品认证的必备条件之一。这就要求，绿色食品基地建设必须以保证种植业、畜牧业、渔业产品质量安全水平为核心，同时立足绿色食品的精品定位，提高初级产品的内在品质，从而实现原料生产与产品认证、基地建设与龙头企业的有效对接。

二是以落实全程标准化生产为主线。创建绿色食品生产基地，将标准化繁为简，转化为区域性生产操作规程，促进广大农民优选品种、合理施肥、科学用药，提高标准化生产能力和水平。同时，在具有一定规模的种植区域或养殖场所，推行“环境有监测、操作有规程、生产有记录、产品有检验、上市有标识”的全程标准化生产，扩大绿色食品基地建设在农业标准化中的示范带动作用。

三是以发挥整体品牌效应为关键。品牌是绿色食品的核心竞争力，落实标准化生产是确保绿色食品品牌公信力和美誉度的基础。绿色食品基地建设，把标准化与品牌化有机地结合起来，通过标准化解决质量安全问题，通过品牌化体现标准化生产的价值，实现优质优价。发挥整体品牌效应，既是绿色食品基地建设的突出优势所在，也是企业和农户共同创建绿色食品基地的内在动力。

31．怎样建设绿色食品基地？

绿色食品基地建设从组织方式、运作模式到具体实施，采取的基本做法是：

(1)充分发挥地方政府的组织推动作用。绿色食品基地建设是一项具有示范性、公益性的工作，在创建过程中，依托优势农产品主产区和农业大县，以县市为单位，紧紧依靠地方政府，发挥农业部门的作用，加强组织领导，统筹协调，科学规划，增强推动基地建设的合力，并建立以政府投入为导向、农户投入为主体、龙头企业投入为补充的多元化投入机制。

(2)突出重点地区，坚持规模发展。绿色食品基地建设以优势农产品产业带、特色农产品规划区和农业大县为重点区域，以优势突出、特

色鲜明、带动力强的区域性主导产业和特色产品为重点内容，实施科学布局，坚持集中连片、规模发展的原则，以一种农产品为主，同一种农产品种植规模不能少于2000公顷。

(3)实施龙头企业与基地建设紧密对接。龙头企业在绿色食品基地建设中发挥着主导带动作用。实施基地建设与龙头企业紧密对接，一方面，有利于建立全程质量控制体系，保证加工产品原料质量，促进绿色食品产品认证；另一方面，有利于产销紧密结合，延长农业产业链条，强化企业与农户之间的利益联结机制，促进农民增收。

(4)以综合保障体系建设推动基地建设。

32. 绿色食品基地建设如何具体操作?

绿色食品基地建设在具体操作层面，要求建立健全和有效运行的七个体系：

一是以落实县乡村目标责任制为保障的组织管理体系。具体包括成立以县级人民政府主管领导和有关部门负责同志组成的基地建设领导小组、基地建设办公室，并配备专职人员的一整套组织管理体系。

二是以实施标准化生产和质量可追溯制度为基础的生产管理体系。生产管理工作由基地建设办公室统一负责，主要包括制定、发放统一生产操作规程、田间生产管理记录，具体指导农户生产等。

三是以市场准入和监督检查为手段的投入品管理体系。通过建立基地农业投入品公告制度、基地农业投入品市场准入制，从源头上把好投入品的使用关；有条件的基地应建立基地农业投入品专供点，对农业投入品实行连锁配送和服务；此外，基地办要组织力量对基地生产中投入品使用及投入品市场进行监督检查和抽查。

四是以农技推广和农户培训为主要内容的技术服务体系。依托当地农业技术推广机构，组建基地建设技术指导小组，引进先进的生产技术和科研成果，提高基地建设的科技含量；根据需要配备绿色食品生产技术推广员，建立推广网，负责技术指导和生产操作规程的落实；定期组织培训，不断加强对基地领导、生产管理人员、技术推广人员及基地农户的绿色食品知识技术培训。

五是以综合治理为方式的基础设施和环境保护体系。首先要建立基地保护区。基地方圆5千米和上风向20千米范围内不得建立有污染源的工矿企业，基地内的畜禽养殖场粪水要经过无害化处理，施用的农家肥必须经高温发酵，确保无害。其次要不断改善和提高基地的生产条件和环境质量；加强农田水利基本设施建设，逐步实现旱能浇、涝能排的农田水利化；加强基地道路建设。此外，还要建立检验检测体系，加强对基地投入品、产品和环境的检验检测；建立信息交流平台，实现生产、管理、储运、流通信息网上查询。

六是以“品牌＋公司＋基地＋农户”为模式的产业化经营体系。基地应依托龙头企业，充分发挥龙头企业的示范带动作用，特别是在产品收购、加工和销售中的组织保障作用；基地、农户应与龙头企业签订收购合同。

七是以产地环境、生产过程、产品质量、包装标识为重点的监测监管体系。基地应有专业的人员和队伍负责基地生产档案记录的管理；成立监督管理队伍，加强对基地环境、生产过程、投入品使用、产品质量、市场及生产档案记录的监督检查。

33．绿色食品基地创建的申请、验收如何进行？

首先由基地所在县级人民政府按照有关要求向省级绿色食品管理机构提出创建申请，通过材料审核和现场考察合格后，再由农业部绿色食品管理办公室和中国绿色食品发展中心组织专家对相关材料进行评审，符合创建条件的基地进入创建期，创建期满一年，农业部绿色食品管理办公室和中国绿色食品发展中心将组织专家对基地进行考核验收，验收合格的基地，即可获得“全国绿色食品原料标准化生产基地”的称号。此外，农业部绿色食品管理办公室和中国绿色食品发展中心对绿色食品基地采取动态管理，每年组织监督检查。

34. 绿色食品按什么标准生产?

绿色食品从1995年开始就按照绿色食品标准生产，从农业生产环境、农业投入品使用、生产操作规程和产品质量标准等各个环节进行规范。目前绿色食品标准已有120多个，包括生产环境准则、各种农业生产资料使用准则、食品添加剂使用准则、农产品标准、加工食品标准、抽样检验准则以及包装、运输和贮存准则等。绿色食品是按照一整套绿色食品标准生产的，绿色食品标准比相应的食品国家标准或行业标准更严格，这反映在以下两个方面。

第一，它规定了更多的食品安全项目，如农药残留、兽药残留、污染物(包括重金属)、食品添加剂、微生物及其代谢毒素、掺假物质以及生产过程中产生的有害物质等。

第二，标准中规定的指标值更为严格，质量品质指标都达到优质产品要求，卫生安全指标的限量规定更低，许多项目规定为“不得检出”，保证了绿色食品的优质、安全特点。绿色食品标准是我国最早的质量认证食品的标准，它归属于农业行业标准中。

绿色食品标准的水平已达到世界发达国家标准的水平，且超过了联合国食品法典委员会规定的标准。绿色食品就是按照这种比普通食品更严格的标准生产的。

35. 绿色食品生产有哪些特点?

绿色食品生产是在未受污染、洁净的生态环境条件下进行的，生产过程中通过先进的栽培、养殖技术措施，最大限度地减少和控制对产品和环境的污染和不良影响，最终获得无污染、安全的产品和良好的生态环境。绿色食品生产技术措施着重围绕控制化学物质的投入，减少对产品和环境的污染，形成持续、综合的生产能力，达到农业生态系统的良性循环而实施。绿色食品生产既不同于现代农业生产，也不同于传统的农业生产，而是综合运用现代农业的各种先进理论和科学技术，排除因高能量投入、大量使用化学物质带来的弊病，吸收传统农业中的精华，使之有机结合成为全新的生产方式。

36. 绿色食品生产有哪些基本原则?

一是逐步建立和实现农业生态系统的良性循环。农业生态系统是由绿色植物、动物、微生物及非生物环境四个组分构成。绿色植物通过光合作用，将太阳能转化为化学能，合成有机物质，为动物、微生物提供生存的能量来源。动物是直接或间接食用植物的消费者，微生物将动植物残体及其排泄物分解成无机物，归还到环境中，供植物再吸收利用，非生物环境为生物提供营养物质和能量以及活动、生存的场所。四个组分通过食物链，即能量转化和物质循环紧密地结合成一个整体，系统内部具有自动调节能力，以保持自身的平衡和相对稳定性。因此，发展绿色食品生产应从农业生态系统的整体出发，因时、因地制宜地调整和优化产业结构，使系统中各个组分相互协调发展和实现良性循环。生态的良性循环将进一步促进绿色食品生产的发展。

二是形成和保持综合可持续生产能力。为了持续稳定地发展绿色食品生产，确保当代人及其后代对绿色食品产品不断得到满足，必须在绿色食品产地形成综合、可持续的生产能力，要求其产地合理地开发利用当地资源，种、养、加多业结合，协调发展，建立作物秸秆和其他副产物循环系统，使有机物质多层次循环利用，实行无废物生产和无污染生产。只有这样，才能形成和保持综合可持续生产能力。

三是依靠先进的科学技术。绿色食品生产追求的目标是高效益和无污染，生产过程是在减少能源消耗、减少化学物质投入的前提下进行。为了保持和不断提高绿色食品生产水平，就必须在总结传统农业精耕细作、有利于保护生态环境的农艺技术基础上，更多地依靠先进的科学技术成果，运用营养诊断技术指导施肥，利用天敌及生物制剂防治病虫草害等，将它们有机结合成综合的农业技术系统，不断提高绿色食品生产水平。

四是实行全程质量控制。绿色食品生产实行全程质量控制，即“产地环境、种植(养殖)、加工、贮运、销售、食用”全过程的各个环节都要严格按照绿色食品标准，从管理和施加的技术措施等方面控制和防止污染，并将各项技术和管理措施落实到每个企业、每个产品、每个生产者，并加强对绿色食品从业人员的培训，不断提高生产者的质量意识和科技文化素质。

五是力求实现经济效益、社会效益和生态效益的统一。绿色食品生产的目标不仅要获得无污染、高品质的产品，还力求以较少的生产投入，获得较大的经济效益，保持和逐步提高生态环境的质量。因此，在绿色食品生产中每项措施的确定和实施都要围绕经济效益、社会效益和生态效益的协调和统一来进行，要考虑提高产量，改善品质，提高产品档次，以取得较好的经济效益。此外，还要节约能源，保护资源和提高生态环境的质量。

37. 绿色食品生产怎样选择产地?

绿色食品产地是指绿色食品初级农产品或加工产品原料的生长地。绿色食品产地的选择是指在绿色食品产品开发之初，通过对产地生态环境条件的调查研究和现场考察，并对产地生态环境质量现状作出合理判断的过程。因此，开发绿色食品，必须合理选择绿色食品产地。对于绿色食品的产地选择应注意以下几点：

一是应选择空气清新、水质纯净、土壤未受污染、农业生态环境质量良好的地区。应尽量避开繁华都市、工业区和交通要道。边远山区、农村生态环境条件相对较好的地区，是绿色食品产地首要的选择。

二是产地及产地周围不得有大气污染源，特别是上风口不得有化工厂、钢铁厂、水泥厂等污染源企业，不得有有毒有害气体排放，也不得有烟尘和粉尘。

三是应选择在地表水、地下水水质清洁无污染的地区，远离对水源造成污染的工厂矿山，产地应位于地表水、地下水的上游。生产用水不能有污染物，特别是重金属和有毒有害物质不得超标。

四是产地土壤元素背景值正常，无农药残留，土壤肥力高，特别是有机质含量丰富。对于土壤中某些元素(如放射性元素和重金属元素等)自然含量高的地区，不宜作为绿色食品产地。

五是应考虑产地生物多样性和系统的稳定性，加强生态环境的基础建设，保证绿色食品生产能持续、稳定地发展。

38．绿色食品与农业耕作制度有什么关系?

绿色食品生产基地中，通过科学合理的配置作物种类，因地制宜地确定轮作、间(套)作、复种等种植制度，在提高土地利用率、增加生物多样性的同时，有利互补并降低自然灾害的影响，控制化学物质的使用，减少基地农业的污染，并能促进基地养殖业、加工业的全面发展，加速扩大和建立基地内的良性循环体系。因此，绿色食品生产对耕作制度的基本要求如下：

一是通过合理的田间配置，充分合理利用土地及其相关的自然资源，建立全新的绿色食品种植制度。

二是采取相应的耕作措施，改善生态环境，创造有利作物生长、有益生物繁衍的条件，抑制和消灭病虫草害的发生，并不断提高土地生产力，保证作物全面持续地增产。

39．绿色食品与农作物品种有什么关系?

由于绿色食品产品有特定的标准及生产规程要求，限制速效性化肥和化学农药的应用，在这样的栽培条件下，不仅需要高产优质的优良品种，而且需要抗性强的优良品种。选用抗病虫或耐病虫的品种，可减少或避免

某些病虫害的发生，也就能减少农药施用的污染。因此，绿色食品种植业生产首先要抓好品种工作，其基本要求如下：

一是当选择和应用品种时，在兼顾高产、优质优良性状的同时，注意高光效及抗性强的品种的选用，以增强抗病虫和抗逆的能力。

二是在不断充实、更新品种的同时，要注意保存和利用原有地方优良品种，保持遗传的多样性。

三是要加速良种繁育，为扩大绿色食品再生产提供物质基础。

在绿色食品生产操作规程中，要尽可能选育和引进适应当地土壤和气候条件，并对病虫草害有较强抵抗力的高品质优良品种；引种前应摸清拟引入品种的各方面性状，特别是对温度、光照条件的要求是否能够满足，并经过引种试验，严格做好引种检疫工作。

40. 绿色食品生产中种植业操作规程有哪些主要内容？

种植业的操作规程系指农作物的整地播种、施肥、浇水、喷药及

收获等五个生产环节中必须遵守的规定。其主要内容是：

(1)在植保方面，农药的使用在种类、剂量、时间、残留量方面都必须符合 NY/T 393—2000《绿色食品　农药使用准则》标准的要求。

(2)在作物栽培方面，肥料使用必须符合 NY/T 394—2000《绿色食品　肥料使用准则》标准的要求。有机肥的施用量必须达到保护或增加土壤有机质含量的程度。

(3)在品种选育方面，尽可能选育适应当地土壤和气候条件，并对病虫草害有较强的抵抗力的高品质优良品种。

(4)在耕作制度方面，尽可能采用生态学原理，保持物种的多样性，减少或避免化学物质的投入。

41. 绿色食品对农业投入品有什么规定?

首先是在农药使用方面，对绿色食品有以下规定：

(1)国家规定一些剧毒高毒农药禁止用于蔬菜、水果、茶叶，而绿色食品标准规定禁用于所有农作物，如甲拌磷、克百威、涕灭威等。

(2)任何准用的化学合成农药在作物生长期内只准使用一次，不准重复多次使用。这就指导农业生产中农药的禁用和限用，即使允许使用的农药，也要保证安全间隔期，才能达到绿色食品产品标准中农药残留要求，该要求比国家标准要严格得多。

在肥料使用方面，除国家规定外，绿色食品标准还规定：

(1)禁用硝态氮肥，最常用又便宜的是硝酸铵，还有硝酸钾、硝酸钠等，防止作物硝酸盐和亚硝酸盐积累，尤其在开花期和结果期。

(2)同时使用有机肥和化肥的，有机氮含量应高于无机氮，由于有机肥中含氮量远低于化肥中的含氮量，因此有机肥用量远大于化肥用量。之所以这样要求，是为了防止土壤板结，利于土壤的团粒结构和水分、养分的渗透，利于土地的合理利用。

(3)要求农家肥应发酵腐熟，防止病菌、虫卵滋生，以免过多使用农药，污染农作物，这些要求均保证作物的安全，保证了农业生产的可持续发展。

在饲料使用方面(包括鱼用饵料)，比国家标准有更严的要求，饲料应达到绿色食品标准规定，表现如下：

(1)禁用转基因饲料(如转基因的玉米、油菜籽及其秸秆等)。

(2)禁止在高能量饲料中添加工业合成油脂(如矿物油、石油裂解烃、肥皂生产的脂肪酸副产品等)和畜禽粪便。

(3)禁用哺乳动物为原料的饲料喂养牛等反刍动物。

在兽药使用方面(包括渔药)，除国家规定禁用的40种兽药外，绿色食品标准还规定：

(1)禁用磺胺类、有机磷类、喹诺酮类等兽药。允许使用的兽药必须在国家规定的休药期后屠宰或挤奶，保证畜禽产品中兽药残留达到绿色食品标准的规定。

(2)绿色食品标准还规定了畜禽饲养、屠宰加工和水产养殖的卫生要求，保证畜禽、水产和蜂产品的质量安全。因此，绿色食品的畜禽产品是经过从饲养到屠宰整个过程的质量控制。

42. 绿色食品生产中畜禽饲养操作规程有哪些主要内容？

畜牧业的生产操作规程系指在畜禽选种、饲养、防治疫病等环节的具体操作规定。其主要内容是：

(1)选择饲养适应当地生长条件抗逆性强的优良品种。

(2)主要饲料来源于无公害区域内的草场、农区、绿色食品饲料种植地和绿色食品加工产品的副产品。

(3)饲料添加剂的使用必须符合 NY/T 471—2010《绿色食品 畜禽饲料及饲料添加剂使用准则》标准的要求，畜禽房舍消毒及畜禽疫病防治用药，必须符合 NY/T 472—2006《绿色食品 兽药使用准则》标准的要求。

(4)采用生态防病及其他无公害技术。

43．畜牧业生产中的环境污染问题有哪些？

畜牧业主要污染源有：对环境造成污染问题比较突出的是臭气、生产污水和畜禽粪便。

畜牧场臭气主要来自饲料蛋白质的代谢产物，以及来自粪便在一定环境下分解产生，也来自粪便或污水处理过程。较臭的物质来自氨气、含硫化合物以及碳水化合物的分解产物。臭气不仅影响人畜健康，对家畜的生产性能及产品品质也有影响。

畜牧业污水以规模化养猪场和奶牛场产生的数量最多，问题也最为突出。污水的数量及性质因采用不同的栏舍结构、冲洗方式和地板

结构、材料以及生产规模而异。

家畜的粪便是畜产废弃物中数量最多、危害最为严重的污染源。粪便是家畜的代谢产物，每天排出的粪尿量一般相当于体重的5%～8%。畜禽粪尿排泄量主要受环境生态因子、饲料质量、饮水量等影响。

44．绿色食品生产中水产养殖操作规程有哪些主要内容？

水产品养殖过程中的绿色食品生产操作规程的主要内容是：

(1)养殖用水必须达到绿色食品要求的水质标准。

(2)选择饲养适应当地生长条件的抗逆性强的优良品种。

(3)鲜活饵料和人工配合饲料应来源于无公害生产区域。

(4)人工配合饲料的添加剂使用必须符合NY/T 2112—2011《绿色食品　渔业饲料及饲料添加剂使用准则》标准的要求。

(5)疫病防治用药必须符合NY/T 7552—2003《绿色食品　渔药使用准则》标准的要求。

(6)采用生态防病及其他无公害技术。

45．农作物为什么要提倡轮作？

同一块地上有计划地按顺序轮种不同类型的作物和不同类型的复种形式称为轮作。同一块地上长期连年种植一种作物或一种复种形式称为连作，又叫重茬；两年连作称为迎茬。连作常引起减产，容易导致“土壤病”现象，这是因为：

(1)每种作物都有一些专门为害的病虫杂草。连作可使这些病虫草周而复始地恶性循环式地感染为害，如黄瓜的霜霉病、根腐病、跗线螨；番茄病毒病、晚疫病、辣椒的青枯病、立枯病等。

(2)不同作物吸收土壤中的营养元素的种类、数量及比例各不相同，根系深浅与吸收水肥的能力也各不相同。长期种植一种作物，因其根系总是停留在同一水平线上，该作物大量吸收某种特需营养元素后，就会造成土壤养分的偏耗，使土壤营养元素失去平衡。如禾谷类作物对氮、磷、硅吸收较多，对钙吸收较少，而且豆科作物对钙、磷、氮吸收较多，对硅吸收较少，但由于根瘤的固氮作用及根、叶残留物较多，种豆科作物之后，土壤含氮量较高，土壤较疏松；叶菜类、十字花科蔬菜作物，其根系分泌有机酸，可使土壤中难溶性的磷得以溶解和吸收，具有富集土壤磷的功能。但多数作物对固定在土壤中的磷却难以吸收。

(3)不同作物根系的分泌物不同，有的分泌物对其本身可能无益甚至有害，而对其他作物或微生物则有益，如洋葱、大蒜等的根系分泌物可抑制马铃薯晚疫病的发生。高粱除吸肥力强，需肥量大外，其多量的根系分泌物可抑制小麦等其他作物生长，所以对大多数作物来说，高粱前茬不好。

(4)连作由于耕作、施肥、灌溉等方式固定不变，会导致土壤理化性质恶化，肥力降低，有毒物质积累，有机质分解缓慢，有益微生物和数量减少。

46. 轮作有什么好处？

在向有机农业转化过程中，轮作是首先要解决的问题，只有解决轮作问题，才能摆脱现代农业严重依赖的农业化学品，实现有机农业的生产，所以轮作是有机栽培的最基本要求和特性之一。无论是土壤培肥还是病虫害防治都要求实行作物轮作。这是因为：

(1)轮作可均衡利用土壤中的营养元素，把用地和养地结合起来。

(2)可以改变农田生态条件，改善土壤理化特性，增加生物多样性。

(3)减少和免除某些连作所特有的病虫草的危害。利用前茬作物根系分泌的灭菌素，可以抑制在后茬作物上病害的发生，如甜菜、胡萝卜、洋葱、大蒜等根系分泌物可抑制马铃薯晚疫病发生，小麦根系的分泌物可以抑制茅草的生长。

(4)合理轮作换茬，因食物条件恶化和寄主的减少而使那些寄生性强、寄主植物种类单一及迁移能力小的病虫大量死亡。腐生性不强的病原物，如马铃薯晚疫病菌等，由于没有寄主植物而不能继续繁殖。

(5)轮作可以促进土壤中对病原物有拮抗作用的微生物的活动，从而抑制病原物的滋生。

47. 蔬菜轮作有什么基本原则？

首先，从植保角度要考虑病原物的寄主范围，然后再考虑哪些作物轮作，如黄枯萎病的轮枝菌的寄主范围较广，棉花和茄科植物如马铃薯、茄子轮作，病害将越来越重，因为它们都是轮枝菌的寄主。其次，要考虑作物轮作的年限，不同病虫害在作物的土壤中存活的时间不同，轮作的年限也不同。

(1)选择病虫害少，可以不用或少用农药的蔬菜进行轮作。

不需要农药的蔬菜有：

薯蔬科：山药、日本薯蓣、芋头；

藜科：菠菜、甜菜、碱蓬；

伞形科：胡萝卜，水芹、香芹、芹菜、茴香、香菜等；

菊科：牛蒡、莴苣、茼蒿；

唇形科：紫苏、薄荷、时萝；

姜科：姜；

旋花科：甘薯；

百合科：韭菜、大蒜、大葱、洋葱、石刁柏、百合等。

(2)利用当地气候条件或季节差异选择病虫害发生少的蔬菜进行轮作。

如豆科：豌豆、蚕豆、小豆、花生、大豆、菜豆、豇豆、扁豆、刀豆；十字花科：白菜、甘蓝、萝卜、芜青、芥菜、油菜。这些蔬菜病虫害较少，在正常生长地区或季节，只需少量农药即可解决，但若选择冷凉地区、高海拔地区或春冬冷凉季节生产，不用农药即可生产出优质的有机蔬菜。

48. 哪些蔬菜不宜轮作或间作？

(1)从分类学上属于同一个科的蔬菜不宜轮作，如番茄、茄子、辣椒和甜椒等；

(2)白菜、菜心、花椰菜、西蓝花、白萝卜、樱桃萝卜和荠菜；

(3)洋葱、大葱、韭菜、蒜；

(4)红萝卜、西芹；

(5)各种豆类；

(6)各种瓜类。

49. 什么是节水灌溉新技术？

传统的灌溉方法，特别是大水漫灌，不仅灌溉质量差，而且水的浪费大，会引起土肥流失、土壤结构破坏和土壤沼泽化、盐碱化等生态问题。目前国内外正在大力发展和推广管灌、喷灌、渗灌、滴灌、微喷灌等先进的节水灌溉新技术，使农业由传统意义上的“浇地”向“浇作物”过渡。

喷灌是利用动力把水喷到空中，然后像降雨一样落到田间浇灌作物的一种先进的灌水方法。喷灌是由水源、田间工程和喷灌机具设备组成的喷灌系统来实施的。喷灌可比沟灌节水50%以上，可适用于丘陵、山区和草原使用，并可结合施肥、喷农药，节省劳力，还可以节省渠道等的占地，提高土地利用率。此外，喷灌还可以调节农田小气候，防御霜冻、高温和干热风对水果的危害等。

渗灌是利用专门地下管道系统，将有压或无压水送到灌溉地段，通过渗水管将水送至作物根系层，借毛细管作用自下而上湿润土壤。它的优点是不破坏土壤结构，土壤湿润均匀，不流失肥料，不冲刷土壤，有利于土壤处在良好的水、气、热协调状态。

滴灌就是滴水灌溉。它利用一套低压管道系统，以及分布在作物根部地面或埋入土壤内的滴头，将通过管道系统运过来的水一滴滴地、经常而缓慢地湿润根系附近局部土层，使植物根系生长层内土壤经常保持适宜的水分状况。滴灌的优点是能有效地控制土壤最适宜的水分，又使土壤通气性良好，不会发生因灌水后土壤空气显著减少的现象，并可随水掺入肥料，既灌水又施肥，一步完成，便于机械化作业。

微喷灌是通过低压管道将水送到作物根部附近，并用很小的喷头(微喷头)将水喷洒在土壤表面进行灌溉的一种新型的节水灌溉方法。它具有喷灌和滴灌的优点，而且又克服了喷灌工作压力要求高、耗能大和滴灌的滴头容易被堵塞的缺点，所以近年来发展较快。

第四章　绿色食品生产中的肥料使用

50．生产绿色食品常用的肥料有哪些？

有人说，用农家有机肥和不施用化肥的植物产品都是绿色食品。严格地说，无论是否是用农家有机肥和不施用化肥的植物产品，只有那些经专门机构认定，许可使用绿色食品标志商标的食品才是绿色食品。而且，生产绿色食品也是可以施用肥料的，在绿色食品生产中常用的肥料有：

(1)有机肥：主要指农家肥，含有大量动植物残体、排泄物、生物废物等。施用有机肥料不仅能为农作物提供全面的营养，而且肥效期长，可增加或更新土壤有机质，促进微生物繁殖，改善土壤的理化性质和生物活性，是绿色食品生产主要养分的来源。常见的有机肥主要有：堆肥、绿肥、秸秆、饼肥、泥肥、沤肥、厩肥、沼肥等。

(2)微生物肥料：指用特定微生物菌种培养生产的具有活性微生物的制剂。微生物肥料无毒无害、无污染，通过特定微生物的生命活力能增加植物的营养和植物生长激素，促进植物生长。

根据微生物肥料对改善植物营养元素的不同作用，可分为以下类别：

①根瘤菌肥料。它能在豆科植物根上形成根瘤，改善豆科植物氮素营养。种类有花生、大豆、绿豆等根瘤菌剂。

②固氮菌肥料。它能在土壤中和许多作物的根际固定空气中的氮，为作物提供氮素营养，还能分泌激素刺激作物生长。种类有自生固氮菌、联合固氮菌等。

③磷细菌肥料。它能把土壤中难溶性磷转化为作物可以使用的有效磷，改善作物磷素营养。种类有磷细菌、解磷真菌等。

④硅酸盐细菌肥料。它能对土壤中的云母、长石等含钾铝硅酸盐及磷灰石进行分解，释放出钾、磷等，可以改善植物的营养条件。种类有硅酸盐细菌、解钾微生物等。

⑤复合菌肥料。含有上述两种以上有益的微生物，它们之间互不抵抗且能提高作物的一种或几种营养元素的供应水平，并含有生理活性物质。

(3)腐殖类肥料：指泥炭、褐煤、风化煤等含有腐殖酸类物质的肥料。它能促进作物的生长发育，使作物提早成熟、增加产量、改善品质。

(4)半有机肥料：指由有机物和无机物混合或化合制成的肥料。主要包括经无害化处理后的畜禽粪便加入适量的锌、锰、硼、铝等微量元素制成的肥料和以发酵工业废液干燥物质为原料、配合种植蘑菇或养禽用的废弃混合物制成的发酵废液制成的干燥复合肥料。

(5)无机肥料：包括矿物钾肥和硫酸钾、矿物磷肥、煅烧磷酸盐、石灰石等。该种肥料限在酸性土壤中使用。

(6)叶面肥料：喷施于植物叶片并能被其吸收利用的肥料，可含有少量天然的植物生长调节剂，但不含有化学合成的植物生长调节剂，如微量元素肥料和植物生长辅助肥料，由微生物配加腐殖酸、藻酸、氨基酸、维生素、糖及其他元素制成。

(7)其他肥料：不含合成添加剂的食品、纺织工业的有机副产品等。比如锯末、刨花、木材废弃物等组成的肥料；不含防腐剂的鱼渣、牛羊毛废料、骨粉、氨基酸残渣、家禽家畜加工废料、糖厂废料等有机物料制成的肥料。

51．绿色食品生产怎样进行施肥管理？

在绿色食品生产中通过施肥能促进作物生长，提高产量和品质，有利于改良土壤和提高土壤肥力，不造成对作物和环境的污染。其施肥的原则是：

(1)创造一个农业生态系统的良性养分循环条件，充分地开发和利用本地区域、本单位的有机肥源，合理循环使用有机物质。

(2)经济、合理地施用肥料。

(3)以有机肥为主体，尽可能使有机物质和养分还田。

(4)充分发挥土壤中有益微生物在提高土壤肥力中的作用。

(5)尽量控制和减少化学肥料的使用。

总之，绿色食品生产中所施用的肥料必须做到：

(1)保护和促进作物的生长和品质的提高。

(2)不会使作物产生和积累有害物质，不影响人体健康。

(3)对生态环境无不良影响。

52．施肥“十不宜”是什么？

施肥“十不宜”是指：

(1)未腐熟的农家肥和饼肥不宜直接使用。未腐熟的农家肥和饼肥中含有多种虫卵、病菌，还会产生大量二氧化碳气和热量，直接使用会污染土壤，加快土壤水分蒸发，烧坏作物根系，影响种子发芽。正确的使用方法是，先将农家肥和饼肥充分堆沤腐熟后再使用。

(2)含氯的化肥不宜使用在盐碱地和烟草、水果、甜菜、薯类、西瓜等忌氯作物上。

(3)氮素化肥不宜浅施或浇水前施用。氮素化肥施入土壤后一般要转化为铵态氮，容易随水流失或受光热作用而挥发，失去肥效。

(4)铵态氮肥不宜与草木灰等碱性肥料混合使用。

(5)氮肥不宜多施于豆科作物上。豆科作物根部都有固氮根瘤菌，过多施用氮素肥料，不仅会造成浪费，还会使作物贪青晚熟，影响产量。

(6)磷肥不宜分散使用。磷肥中的磷元素容易被土壤吸收固定，失去肥效，应先将磷肥与堆肥混合堆泡一段时间，再沟施或穴施于作物根系附近。

(7)含磷量较高的肥料不宜多用于蔬菜。蔬菜对磷元素的需要量相对较小。

(8)钾肥不宜在作物生长后期使用。钾肥应提前至作物苗期追施，或作基肥使用。待有缺钾症状时，作物生长已近后期，这时再追肥已起不到多大作用。

(9)稀土肥料不宜直接施于土壤中。稀土肥料用量较小，正确的使用方法是将稀土肥料拌种或用于叶面喷施。

(10)不宜不分作物品种和生育期滥施肥料。不同作物、不同生育期的作物对肥料的品种和数量有不同的需求，不分作物及时期施肥只会适得其反。

53. 如何防止肥害？

防止肥害发生，应遵循以下原则：

(1)选施标准化肥。

(2)追肥适量。碳铵每次每公顷施用量不宜超过375千克，并注意深施，施后覆土或中耕；尿素每次每公顷施用量控制在150千克以下；施用叶面肥时，各种微量元素的适宜浓度，一般在0.01%～0.1%之间，大量元素(如氮等)在0.3%～1.5%之间，应严格按规定浓度适时适量喷施。

(3)种肥隔离。旱作物播种时，宜先将肥料施下并混入土层中，避免与种子直接接触。

(4)合理供水。旱地土壤过于干旱时，宜先适度灌水后再行施肥，或将肥料兑水浇施；水田施用挥发性强的化肥时，宜保持田间适当的浅水层，施后随即进行中耕耘田。

(5)化肥匀施。撒施化肥时，注意均匀，必要时，可混合适量泥粉或细沙等一起撒施。

(6)适时施肥。一般宜掌握在日出露水干后或午后施肥，切忌在烈日当空时进行。此外，必须坚持施用经沤制的有机肥，在追施化肥过程中，注意将未施的化肥置放于下风处，防止其挥发出的气体被风吹向作物，以免造成伤害。

(7)若不慎使作物发生前述肥害时，则宜迅速采取适度灌、排水，或摘除受害部位等相应措施，以控制其发展，并促进长势恢复正常。

54. 农村发展沼气有什么重要意义？

用于沼气生产的主要原料是人畜禽粪便等，经过厌氧发酵后产生的沼气可以解决农民的生活用燃料、照明，沼液、沼渣是优质的有机肥料。因此，农村发展沼气生产的重要意义如下：

(1)减少木材、煤炭等常规能源的消耗，有利于保护森林资源，减少水土流失，提高农业抵御自然灾害能力；

(2)改善农村生活用能结构，治理污染，改变农村卫生面貌，节省劳动力，提高农民生活质量；

(3)减少化肥、农药等农业生产成本，促进农田肥力状况的改良，提高农产品品质，增加农民收入；

(4)把养殖业、种植业与农副产品加工业有机地连接起来，促进农业的可持续发展。

55. “沼气肥”在绿色食品生产上使用有何规定？

沼气肥即沼气发酵肥，指作物秸秆与人粪尿等有机物，在沼气中经过厌气发酵制取沼气后形成的肥料。原材料中的氮、磷、钾等营养元素，除氮素有一定损失外，大部分养分仍保留在发酵肥中。沼气肥有以下两种形态。

一是沼气水肥(沼液)，占肥总量的88%左右；沼液含速效氮、磷、钾等营养元素，还含有锌、铁等微量元素。据测定，含全氮为0.062%~0.11%，铵态氮为200~600毫克/千克，速效磷为20~90毫克/千克，速效钾400~1100为毫克/千克。因此，沼液的速效性很强，养分可利用率高，能迅速被作物吸收利用，是一种多元速效复合肥料。

二是固体残渣(沼渣)，占肥总量的12%左右。固体沼渣肥含有机质30%~50%、含氮0.8%~1.5%、含磷0.4%~0.6%、含钾0.6%~1.2%，还有丰富的腐殖酸，含量达11.0%以上。腐殖酸能促进土壤团粒结构形成，增强土壤保肥性能和缓冲力，改善土壤理化性质，改良土壤效果十分明显。沼渣肥的性质与一般有机肥相同，属于迟效肥料。

绿色食品生产中肥料的使用原则是：必须选用规定的肥料种类，禁止使用硝态氮肥；化肥必须与有机肥配合施用，对叶菜类最后一次追肥必须在收获前30天进行；城市生活垃圾一定要经过无害化处理，质量达到技术要求才能使用，每年每公顷农田限制用量，黏性土壤不超过4.5万千克，砂性土壤不超过3万千克；腐熟的沼气液、残渣及人畜粪尿可用作追肥；严禁施用未腐熟的人粪尿。

生产绿色食品的农家肥料无论采用何种原料(包括人畜禽粪尿、秸秆、杂草、泥炭等)制作堆肥，必须高温发酵，以杀灭各种寄生虫卵和病原菌、杂草种子，使之达到无公害化卫生标准。

56. 堆肥是一种什么肥料?

堆肥是利用含有肥料成分的动植物遗体和排泄物，加上泥土和矿物质混合堆积，在高温、多湿的条件下，经过发酵腐熟、微生物分解而制成的一种有机肥料。

堆肥是一种古老的肥料，制造堆肥必须先收集适当的材料，例如稻草、茎蔓、野草、树木落叶或是禽畜粪便等，然后将其适当混合，并添加适量的氰氨化钙，促其发酵，然后覆盖上破席、破布、稻草或塑胶布，以避免肥分丧失。然后每隔大约三、四个星期翻积一次，大约经过三个月左右，即可将此堆肥搬入田中开始使用。

堆肥最好放置在堆肥舍中。若无堆肥舍也可使用露天堆肥，但必须选择适当地点，以免因日晒、雨淋及风吹，导致肥分丧失。

57. 氮、磷、钾对植物的营养功能有哪些？

在各种营养元素之中，氮、磷、钾这三种是植物需要量和收获时带走量较多的营养元素，而它们通过残茬和根的形式归还给土壤的数量却不多，因此往往需要以施用肥料的方式补充这些养分。

(1)氮：氮是植物生长的必需养分，它是每个活细胞的组成部分。植物需要大量氮。氮素是叶绿素的组成成分，叶绿素 a 和叶绿素 b 都是含氮化合物。绿色植物进行光合作用，使光能转变为化学能，把无机物(二氧化碳和水)转变为有机物(葡萄糖)就是借助于叶绿素的作用。氮也是植物体内维生素和能量系统的组成部分。

植物缺氮时由于蛋白质合成减少，酶和叶绿素含量下降，叶子黄化，一切生长过程减缓，细胞分裂减慢，植株矮小，叶片小，老叶提早脱落，根系生长缓慢侧根减少，而地上部的比例反而增大。由于缺氮细胞分裂素的合成受阻，因而影响分枝和分蘖，而且往往提早成熟，所以缺氮时谷类作物穗数和粒数减少，粒重减轻，产量下降。缺氮还影响产品品质，使产品中蛋白质下降，维生素和必需氨基酸降低。

(2)磷：磷在植物体中的含量仅次于氮和钾，一般在种子中含量较高。磷对植物营养有重要的作用。植物体内几乎许多重要的有机化合物都含有磷。磷在植物体内参与光合作用、呼吸作用、能量储存和传递、细胞分裂、细胞增大和其他一些过程。磷能促进早期根系的形成和生长，提高植物适应外界环境条件的能力，有助于植物耐过冬天的严寒。

缺磷时小麦、水稻分蘖延迟，分蘖数减少，甚至不分蘖，株型细小直立，出现僵苗；叶色灰绿带紫色；根短而细；次生根少；抽穗不整齐，穗小粒少，空壳率高。玉米缺磷时出现秃顶严重；油菜缺磷时表现出叶面积小，叶色暗绿，茎、叶柄和叶背面的叶脉呈紫色；抽苔开花延迟，分枝少、果瘦小并易脱落、籽粒不饱满且出油率低。

(3)钾：钾是植物的主要营养元素，能够促进光合作用，能明显提高植物对氮的吸收和利用，并很快转化为蛋白质。在钾供应充足时，作物能有效地利用水分，并保持在体内，减少水分的蒸腾作用。钾能增强植物对各种不良状况的忍受能力，如干旱、低温、含盐量、病虫危害、倒伏等。

缺钾时小麦开始全株叶片呈蓝绿色，叶质柔弱并卷曲，以后老叶的尖端及边缘变黄后呈棕色，最后枯死，缺钾麦田看上去如火烧焦一般。小麦缺钾茎秆细弱，易感染根腐病，麦穗特别是穗尖部分发育特别差。玉米缺钾的初期症状是节间变小，生长减慢，老叶从叶尖开始失绿，并向整个叶片的脉间反扩张，果穗秃顶，易倒伏。大豆缺钾，沿叶缘发黄，继而发展到脉间，使叶成的叶脉呈“鱼骨状”；褪绿区失水、干枯。花生缺钾，老叶叶脉间出现黄斑继而大部分叶面褪绿，只留下沿中脉的一个狭窄区仍保持绿色，叶缘出现褐色坏死部分，也有的老叶上出现黑褐色圆斑。棉花缺钾，苗期和蕾期部分叶片发生叶肉失绿，进而转为淡黄色，叶表皮组织失水皱缩，叶面拱起叶缘下卷，花铃期就可以看到主茎中上部叶子的肉呈黄色或黄白花续继而呈观红色(但叶脉仍是绿色)，通常称之为红叶茎枯病。缺钾严重时，叶子逐渐枯焦脱落，棉株早衰。棉花缺钾症状一般在蕾期初发、铃期盛发，吐絮期更趋严重，甚至成片死亡。

58．钙、镁、硫对植物的营养功能有哪些？

(1)钙：钙是细胞壁的结构成分，对于提高植物保护组织的功能和植物产品的耐贮性有积极的作用。钙与中胶层果胶质形成钙盐而被固定下来，是新细胞形成的必要条件；钙能促进根系生长和根毛形成，增加对养分和水分的吸收。

当缺钙严重时，叶子变形和失绿，在叶子的边缘出现坏死斑点，由于细胞壁的溶解或使组织柔软，影响运输机能，特别向果实和贮藏组织运输钙不足，而引起间接缺钙。常见的生理失调现象：如番茄、西瓜的蒂腐病，其特征是果实末端腐烂，甘蓝、褐心病例(叶焦病)芹菜的黑心病，辣椒的表腐病等。

(2)镁：镁是叶绿素的构成元素，位于叶绿素分子结构的中间；镁又是许多酶的活化剂，能促进植物体内的新陈代谢。

植株中镁是比较容易移动的

元素。缺镁时，植株矮小，生长缓慢，先在叶脉间失绿，而叶脉仍保持绿色；以后失绿部分逐步由淡绿色转变为黄色或白色，还会出现大小不一的褐色或紫红色的斑点或条纹。症状在老叶、特别是在老叶尖先出现；随着缺镁症状的发展，逐渐危及老叶的基部和嫩叶。

(3)硫：硫是蛋白质和许多酶的组成成分，与呼吸作用、脂肪代谢和氮代谢有关，而且对淀粉合成也有一定的影响。硫还存在于一些如维生素 B_1、辅酶 A 和乙酰辅酶 A 等生理活性物质中。

油菜缺硫初始症状为植株呈现淡绿色，幼叶色泽较老叶浅，以后叶片逐渐出现紫红色斑块，叶缘向上卷曲，开花结荚延迟，花、荚色淡。大豆缺硫时新叶淡绿色或黄色，失去绿色光泽，生育后期老龄叶片也发黄失绿，叶片出现棕色斑点，植株细弱，根系瘦长，根瘤发育不良。棉花缺硫时植株瘦小，整个植株变为淡绿色或黄绿色，生长期推迟。水稻缺硫返青慢，不分蘖或少分蘖，植株瘦矮，叶片薄，幼叶呈淡绿色或黄绿色，叶尖有水浸状的圆形褐色斑点，叶尖焦枯。根系呈暗褐色，白根少，生育期延迟。花生缺硫时新叶少，发黄，围绕叶片主脉部分颜色变浅，有时老叶仍保持绿色；缺硫植株叶柄倾向于直立，三小叶呈“V”型，植株矮小。烟草缺硫时新叶呈均一的浅黄绿色，而老叶仍保持绿色，随后发展至整株黄化，叶片小，节间短。甘蔗缺硫时幼叶呈现均一的黄绿色，随后老叶也呈现淡绿或带黄色，失绿叶的边缘可带红色，叶片变窄、变短，茎秆短瘦。

59. 铁、硼、锰、铜、锌对植物的营养功能有哪些？

(1)铁：铁是吡咯形成时所需酶的活化剂，吡咯是叶绿素分子组成中卟啉的来源；铁是铁氧还蛋白的重要组成成分，在光合作用中起电子传递的作用；铁还是细胞色素氧化酶、过氧化氢酶、琥珀酸脱氢酶等许多氧化酶的组成成分，影响呼吸作用和ATP的形成。

植物缺铁总是从幼叶开始，典型症状是叶片的叶脉间和细网组织中出现失绿症，叶片上叶脉深绿而脉间黄化，黄绿相间明显；严重缺铁时，叶片出现坏死斑点，并且逐渐枯死。植物的根系形态会出现明显的变化，如根的生长受阻、产生大量根毛等。植物缺铁时根中可能有有机酸积累，其中主要是苹果酸和柠檬酸。

(2)硼：硼与糖形成硼－糖络合物，促进植物体内糖类运输；缺硼时花器官发育不健全；硼能抑制组织中酚类化合物的合成，保证植物分生组织细胞正常分化。

当缺硼时，根尖、茎尖的生长点停止生长，严重时生长点萎缩而死亡，侧芽大量发生，植株生长畸形。开花结实不正常，花粉畸形，蕾、花和子房易脱落，果实种子不充实。叶片肥厚、粗糙、发皱卷曲。典型的缺硼症状如甘蓝型油菜的“花而不实”病、甜菜的“心腐病”、萝卜的“褐心病”、芹菜的“裂茎病”、烟草的“顶腐病”、苹果的“内木栓病”和“干斑病”等。硼在植物中的移动性差，缺硼症状多出现在幼嫩的组织。

(3)锰：锰是柠檬酸脱氧酶、草酰琥珀酸脱氢酶、α－酮戊二酸脱氢酶、柠檬酸合成酶等许多酶的活化剂，在三羧酸循环中起重要作用；锰是羟胺还原酶的组成成分，影响硝酸还原作用；锰通过Mn^{2+}和Mn^{4+}的变化影响Fe^{3+}和Fe^{2+}的转化，调整植物体内有效铁的含量；锰以结合态直接参与光合作用中水的光解反应，促进光合作用。

缺锰通常会以某种形式的失绿出现，但它所出现的症状是各种各样的。首先在新生叶脉间失绿而叶脉和叶脉附近仍保持绿色，脉纹较清晰，似同缺镁但缺镁首先发生在下部叶片。当严重缺锰时，叶脉间发生黑褐色细小斑点，并逐渐增多扩大散布于整个叶片。缺锰时坏死的斑点呈棕色或橘色。小麦缺锰初期表现为脉间失绿黄化，并出现黄白色的细小斑点，以后逐渐扩大连成黄褐色条斑，靠近叶的尖端有一条清晰的组织变弱的横线(褶痕)，因而叶片上端弯曲下垂，并且根系发育差、须根小、细而短，有的呈黑褐色而死亡。植株生长缓慢，无分蘖或很少分蘖。

(4)铜：铜是植物体内多酚氧化酶、抗坏血酸氧化酶、吲哚乙酸氧化酶等多种氧化酶组成成分，影响植物体内的氧化还原过程和呼吸作用；铜是叶绿体中许多酶的成分，影响光合作用；脂肪酸的去饱和作用和羟基化作用，需要有含铜酶的催化。

植株的缺铜症状一般较不明显，往往没有典型症状，但是缺铜同样会严重影响作物的产量和质量。铜在作物体内较难转移，所以缺铜一般先在幼嫩部位表现出来。果树缺铜常产生梢枯病，果实顶叶呈现簇状，严重时顶梢枯死，患缺铜症状的果树，果实品质恶劣，严重者果实裂开，果皮上有胶状分泌物，并提早脱落。

60．钼、氯、镍对植物的营养功能有哪些？

(1)钼：钼是植物体内硝酸还原酶的组成成分，促进植物体内硝态氮的还原；钼是固氮酶的组成成分，直接影响生物固氮；钼能抑制磷酸酯和磷酸酶的水解，影响无机磷向有机磷的转化。

缺钼的症状主要表现为：植株矮小，易受病虫危害；幼叶黄绿，叶脉间显出缺绿病或老叶变厚呈蜡质，叶脉间肿大并向下弯曲，如番茄叶片的边缘向上卷曲形成白色斑点而枯落；豆科作物根瘤不发育；豆科作物有效分枝数和结荚数减少，百粒重下降；小麦灌浆很差，成熟延迟，籽粒不饱满。

(2)氯：确定氯是植物生长发育所必需的营养元素比其他元素较晚一些，因为对它的生理作用了解得不够，植物对氯的需要量比硫小，但比任何一种微量元素的需要量要大。植物光合作用中水的光解需要氯离子参加，而大多数植物均可从雨水或灌溉水中获得所需要的氯。因此，作物缺氯症难以出现。氯有助于钾、钙、镁离子的运输，并通过帮助调节气孔保卫细胞的活动而帮助控制膨压，从而控制了水的损失。

植物体内缺氯时，常表现为新芽黄化；叶末端凋萎，接着引起缺氯，最终出现青铜色坏死。

(3)镍：镍是脲酶的金属辅基，脲酶的作用是催化尿素水解为氨和二氧化碳。当植物直接吸收尿素，或通过氮代谢导致尿素积累过多时，需要含镍的脲酶，以使尿素分解。低浓度的镍能刺激许多植物(如小麦、豌豆、蓖麻、白羽扇豆、大豆、水稻等)的种子发芽和幼苗生长。当植物在供应尿素为氮源时，对镍的需要更迫切。当植物干物质中镍含量小于0.01~0.15微克/克时，叶片就会出现尿素中毒症状，叶尖坏死。

第五章　绿色食品生产中的农药使用

61．A 级绿色食品生产的农药使用有哪些规定？

(1)允许使用 A 级绿色食品生产资料农药类产品。

(2)在 A 级绿色食品生产资料农药类产品不能满足植保工作需要的情况下，允许使用以下农药及方法：中等毒性以下植物源杀虫剂、动物源农药和微生物农药；在矿物源农药中允许使用硫制剂、铜制剂，有限度地使用部分有机合成农药，但要求按国家有关技术要求执行，并需严格执行相关规定；严格按照国家有关标准的要求，控制施药量与安全间隔期；有机合成农药在农产品中的最终残留应符合国家有关标准的最高残留限量要求。

(3)严禁使用高毒高残留农药防治贮藏期病虫害。

(4)严禁使用基因工程品种(产品)及制剂。

62．绿色食品生产怎样进行病虫害防治？

在绿色食品生产中，病虫害防治工作应坚持以下基本原则：

一是要创造和建立有利于作物生长、抑制病虫害的良好生态环境。在绿色食品种植业生产中，应考虑采用合理的种植制度和措施，促进农作物生长健壮，增强其自身抗病虫的能力，恶化病虫繁殖蔓延的生活条件，保护和提高天敌的栖息环境，增强和发挥生态系统的自然控制能力。

二是预防为主，防重于治。在绿色食品种植业生产中，必须贯彻以农业防治为基础的预防方针。通过改善农田生产管理，改变农田生物群落来恶化病虫发生、流行的环境条件。控制病虫的来源及其种群数量，调节作物种类、品种及其生育期。保护和创造有益生物繁殖的条件。

三是综合防治。根据病虫与作物、耕作制度、有益生物与环境等各项因素之间的辩证关系，充分发挥自然控制的作用，因地制宜，合理应用必要的防治措施，将有害生物控制在经济危害水平以下，经济、安全、有效地消灭和控制病虫害的危害，以获得最佳的经济、社会和生态效益。

四是优先使用生物防治技术和生物农药。在必须使用药剂防治时，也应优先使用生物农药。虽然生物农药作用缓慢，但它们的毒性一般较低，杀虫治病谱较窄，不易伤害天敌，对作物不致产生药害，有利于增强生态系统的自然控制能力，病虫一般较少产生或不产生抗性。

五是必须进行化学防治时，要合理使用化学农药。在与其他防治措施相协调的前提下，严格选择农药种类和剂型，限定施药时间、用量及方法，达到既充分发挥化学药剂的作用，而又将其负面作用减少到最低范围的目的。

63. 农业综合防治措施指哪些？

(1) 选用抗病良种。选择适合当地生产的高产、抗病虫、抗逆性强的优良品种，少施药或不施药，是防病、增产、经济有效的方法。

(2) 栽培管理措施。一是保护地蔬菜实行轮作倒茬，如瓜类的轮作不仅可明显地减轻病害而且有良好的增产效果；大棚蔬菜种植两年后，在夏季种一季大葱也有很好的防病效果。二是清洁田园，彻底消除病株残体、病果和杂草，集中销毁深埋，切断传播途径。三是采取地膜覆盖，膜下灌水，降低大棚湿度。四是实行配方施肥，增施腐熟好的有机肥，配合施用磷肥，控制氮肥的施用量，生长后期可使用硝态氮抑制剂双氰胺，防止蔬菜中硝酸盐的积累和污染。五是在棚室通风口设置细纱网，以防白粉虱、蚜虫等害虫的入侵。六是深耕改土、垅土法等改进栽培措施。七是推广无土栽培和净沙栽培。

(3) 生态防治措施。主要通过调节棚内温湿度、改善光照条件、调节空气等生态措施，促进蔬菜健康成长，抑制病虫害的发生。一是“五改一增加”。即改有滴膜为无滴膜，改棚内露地为地膜全覆盖种植，改平畦栽培为高垅栽培，改明水灌溉为膜下暗灌，改大棚中部放风为棚

脊高处防风；增加棚前沿防水沟，集棚膜水于沟内排除渗入地下，减少棚内水分蒸发。二是在冬季大棚的灌水上，掌握“三不浇三浇三控”技术，即阴天不浇晴天浇，下午不浇上午浇，明水不浇暗水浇；苗期控制浇水，连阴天控制浇水，低温控制浇水。三是在防治病虫害上，能用烟雾剂和粉尘剂防治的不用喷雾防治，减少棚内湿度。四是常擦拭棚膜，保持棚膜的良好透光，增加光照，提高温度，降低相对湿度。五是在防冻害上，通过加厚墙体、双膜覆盖，采用压膜线压膜减少孔洞，加大棚体，挖防寒沟等措施，提高棚室的保温效果，从而有效地减轻蔬菜的冻害和生理病害。

64. 什么是物理防治措施？

(1)晒种、温汤浸种。播种或浸种催芽前，将种子晒2～3天，可利用阳光杀灭附在种子上的病菌；茄、瓜、果类的种子用55℃温水浸种10～15分钟，均能起到消毒杀菌的作用；用10%的盐水浸种10分钟，可将混入种子里的菌核病残体及病菌漂出和杀灭，然后用清水冲洗种子，播种，可防菌核病，用此法也可防治种子线虫病。

(2)利用太阳能高温消毒、灭病灭虫。菜农常用方法是高温闷棚或烤棚，夏季休闲期间，将大棚覆盖后密闭，选晴天闷晒增温，可达60～70℃ ，高温闷棚5～7天杀灭土壤中的多种病虫害。

(3)嫁接栽培。利用黑籽南瓜嫁接黄瓜、西葫芦，能有效地防治枯萎病、灰霉病，且抗病性和丰产性高。

(4)诱杀。利用白粉虱、蚜虫的趋黄性，在棚内设置黄油板、黄水盆等诱杀害虫。

(5)喷洒无毒保护剂和保健剂。蔬菜叶面喷洒巴母兰400～500倍液，可使叶面形成高分子无毒脂膜，起预防污染效果；叶面喷施植物健生素，可增加植株抗虫病害的能力，且无腐蚀、无污染，安全方便。

65．什么是作物病虫害的生态防治（防虫网）？

在果园和菜园里覆盖防虫网，具有以下作用：

(1)有效防止害虫为害作物；

(2)缓解暴雨、冰雹对作物的冲击，减少作物机械损伤，降低作物病害的发生；

(3)调节棚内气温和地温，创造适宜作物生长的温度条件；

(4)降低作物生长期内化学农药的施用量。

66．农药品种怎样分类？

农药品种很多，迄今为止，在世界各国注册的已有1500多种，其中常用的达300余种。为了研究和使用上的方便，常常把农药进行分类。其分类的方式较多，主要有以下三种：

(1)按主要用途分类。有杀虫剂、杀螨剂、杀鼠剂、杀软体动物剂、杀菌剂、杀线虫剂、除草剂、植物生长调节剂等。

(2)按来源分类。分为矿物源农药(无机化合物)、生物源农药(天然有机物、抗生素、微生物)及化学合成农药三大类。

(3)按化学结构分类。有机合成农药的化学结构类型有数十种之多，主要有：有机磷类、有机氯类、氨基甲酸酯类、拟除虫菊酯类、有机氮类、有机硫类、苯并咪唑类、嘧啶类、取代脲类、取代苯类、酚类、醚类、酰胺类、三氮苯类、苯甲酸类、三唑类、杂环类等。

67．什么是矿物源农药？

起源于天然矿物原料的无机化合物和石油的农药，统称为矿物源农药。它包括砷化物、硫化物、铜化物、磷化物和氟化物，以及石油乳剂等。矿物源农药可以用作杀虫剂、杀鼠剂、杀菌剂和除草剂。

矿物源农药历史悠久，为农药发展初期的主要品种，随着化学合成农药的发展，矿物源农药的用量逐渐下降，其中有些品种如砷酸铅、砷酸钙等已停止使用。目前使用较多的品种主要有铜制剂和硫制剂，如硫悬浮剂、石硫合剂、波尔多液等。

用矿物源农药防治有害生物的浓度与对作物可能产生药害的浓度较接近，稍有不慎就会引起药害。喷药质量和气候条件对药效和药害的影响较大，使用时要多注意。

68．什么是生物源农药？

生物源农药是指利用生物资源开发的农药。生物包括动物、植物和微生物，因而生物源农药相应地分为动物源农药、植物源农药和微生物源农药三大类。

在农药的发展历史中，生物源农药是最古老的一类，早在公元前的文献中就记载有采用某些动植物体用撒灰、浸拌、熏烟等方法防治有害生物。随着现代科学技术迅速发展，特别是现代生物工程技术如遗传工程、细胞工程、酶工程等新的研究开发手段应用使生物源农药的概念和发展都有了很大的变化。

目前，生物源农药的含义和范围的认识大体为：

(1)直接利用生物产生的天然活性物质，经提取加工作为农药，如从烟草中提取烟碱，从豆科植物鱼藤根提取的鱼藤精(酮)。

(2)鉴定生物产生的天然活性物质的化学结构之后，用人工合成方法生产的农药；或以天然活性物质作先导化合物的模型，进行衍生物的类似物合成，开发出比天然活性物质性能更好的仿生合成农药，例如从除虫菊素衍生开发的拟除虫菊酯类、从毒扁豆碱衍生开发的氨基甲酸酯类等。

(3)直接利用生物活体作为农药，例如将天敌昆虫通过商品化繁殖，施放起到防治害虫的作用；利用微生物、线虫、病毒等使有害生物被感染或被侵蚀而死，因其施用方法与农药施用方法相同，故而称其为农药。

生物源农药的特点，比化学合成农药更适合在有害生物综合防治策略中应用。因为生物源农药一般在环境中较易降解，其中的不少品种具有靶标专一的选择性，使用后对人畜和非靶标生物相对安全。某些生物源农药的作用方式是非毒杀性的，包括引诱、驱避、拒食、绝育、调节生长发育、寄生、捕食、感染等，比化学合成农药的作用更为广泛。但是这些非毒杀性生物源农药的作用缓慢，在有害生物大量迅速蔓延时，难以控制为害，届时需要施用化学合成农药以降低有害生物种群数量，或是与化学合成农药混用。

69．植物源农药有哪些？

按性能划分，植物源农药可分为九大类。

(1)植物毒素。植物产生对有害生物具有毒杀作用的次生代谢物。例如具有杀虫作用的除虫菊素、烟碱、鱼藤酮、藜芦碱；具有杀鼠作用的马钱子碱等。

(2)植物源昆虫激素。多种植物体内存在昆虫蜕皮激素类似物，含量较昆虫体内多，且较易提取利用。从藿香蓟属植物中发现提取的早熟素具有抗昆虫保幼激素的功能，现已人工合成活性更高的类似物，如红铃虫性诱剂。

(3)拒食剂。植物产生的能抑制某些昆虫味觉感受器而阻止其取食的活性物质。已发现的此类物质化学类型较多，其中拒食作用最强的几种属于萜烯和香豆素类，例如从印楝种子中提取的印楝素就是萜烯类高效拒食剂。

(4)引诱剂和驱避剂。植物产生的对某些昆虫具有引诱或驱避作用的活性物质。例如丁香油可引诱东方果蝇和日本丽金龟，香茅油可驱避蚊虫。

(5)绝育剂。植物产生的对昆虫具有绝育作用的活性物质。例如从巴拿马硬木天然活性物质衍生合成的绝育剂对棉红铃虫有绝育作用，从印度菖蒲根提取的 β－细辛脑能阻止雌虫卵巢发育。

(6)增效剂。植物产生的对杀虫剂有增效作用的活性物质。例如芝麻油中含有的芝麻素和由其衍生合成的胡椒基丁醚，对菊酯类杀虫剂有较强的增效作用。

(7)植物内源激素。植物产生的能调节自身生长发育过程的非营养性的微量活性物质。它在植物界普遍存在，主要类型有：生长素(吲哚乙酸)、乙烯、赤霉素、细胞分裂素、脱落酸和芸苔素内酯(油菜亲内酯)，它们都有特定的生理功能。它们在植物体内含量极微，不可能人工提取利用，因此根据其化学结构进行衍生合成或半合成，开发出植物生长调节剂，例如乙烯利、2，4－滴、萘乙酸、玉米素等。

我国植物资源极为丰富，也是研究和应用植物源农药最早的国家，早在20世纪30年代以来就对有杀虫效果的植物烟草、鱼藤、除虫菊、厚果鸡血藤、雷公藤、巴豆、闹羊花、百部等进行过比较广泛的研究。

70．动物源农药有哪些？

一般按性能划分，动物源农药可分为四类。

(1)动物毒素。由动物产生的对有害生物具有毒杀作用的活性物质。例如由阿根廷蚁产生的防卫毒素、大胡蜂产生的曼达拉毒素，但均未商品化。根据沙蚕产生的沙蚕毒素化学结构衍生合成开发的沙蚕毒类杀虫剂，如杀虫环、杀虫双等品种已大量生产应用。

(2)昆虫激素。由昆虫内分泌腺体产生的具有调节昆虫生长发育功能的微量活性物质。主要有脑激素、蜕皮激素和保幼激素三类。前两类作为农药尚未实用化。保幼激素衍生合成的多种保幼激素类似物已经商品化，如烯虫酯。

(3)昆虫信息素。由昆虫产生的作为种内或种间个体之间传送信息的微量活性物质，又称昆虫外激素。能引起其他个体的某些行为反应，包括引诱、刺激、抑制、控制取食或产卵、交配、集合、报警、防御等功能，已具有高度专一性。每种信息素有其特定的立体化学结构，多数是由几种化合物按一定比例组成的混合物。根据它们化学结构衍生合成，已商品化的昆虫信息素达50种左右。其中应用最多的是性信息素(性引诱剂)，较广泛地用于测报害虫发生和防治。

(4)天敌动物。对有害生物具有寄生或捕食作用的天敌动物，进行商品化繁殖，施放后起防治作用，如赤眼蜂。

71. 微生物源农药有哪些？

微生物源农药包括农用抗生素和活体微生物农药两大类。

农用抗生素是由抗生苗发酵产生的具有农药功能的次生代谢物质，它们都是有明确分子结构的化学物质，现已发展成为生物源农药的重要大类。农用抗生素用于防治真菌病害的有井冈霉素、灭瘟素、多抗霉素等；用于防治细菌病害的有链霉素、土霉素等；用于防治螨类的有浏阳霉素、四抗菌素等；近年开发的广谱杀虫抗生素(Avermectin，阿弗米丁)对害虫、螨、家畜体内外寄生虫具有高效性，中国农业大学生产的8%乳油经试验用3000～1000倍液，防治棉铃虫效果达70%～96%，持效期7天左右。

活体微生物农药是利用有害生物的病原微生物活体作为农药，以工业方法大量繁殖其活体并加工成制剂来应用，而其作用实质是生物防治。按病原微生物进行分类，可分为：①真菌杀虫剂，如白僵菌、绿僵菌；②细菌杀虫剂，如苏云金杆菌(Bt制剂)、日本金龟子芽孢杆菌、防治蚊虫的球状芽孢杆菌；③病毒杀虫剂，包括核多角体病毒、颗粒体病毒，均有高度专一性；④微孢子原虫杀虫剂，如防治蝗虫的微孢子原虫已有商品化应用；⑤利用对昆虫无专性寄生的线虫开发作为杀虫剂的研究，正进入实用阶段；⑤真菌除草剂，如中国开发的鲁保一号。

72．什么是化学合成农药？

化学合成农药是由人工研制合成，并由化学工业生产的一类农药，其中有些是以天然产品中的活性物质作为母体，进行模拟合成或成为模版据此进行结构改造，研究合成效果更好的类似化合物，称为仿生合成农药。

化学合成农药的分子结构复杂，品种繁多(常用的约300种)，生产量大，是现代农药中的主体，其应用范围广，很多品种的药效很高，而且由于它们的主要原料为石油化工产品，资源丰富，产量很大。

化学合成农药的发展经历了三个阶段：20世纪50年代中期以前为开创时期，50年代后期至60年代末为发展时期，70年代以后为高效化时期。现阶段化学合成农药的主要特点有两点。一是高效化，20世纪40年代以前防治病虫草的农药每公顷平均用药量高达7~8千克，50—70年代的新一代化学合成农药用药量降低了一个数量级，为0.75~1.5千克，而70年代以后出现的高效和超高效农药的用药量已降低为15~150克，某些品种已降至15克以下。二是随着人们对环境要求的提高，农药的管理及登记日趋严格，致使新农药品种出现速度滞缓，部分老品种因毒性或残留等原因而被禁用。

73．什么是农药“三证”？

农药“三证”指农药准产证、农药标准和农药登记证。“三证”以产品为单位发放，即每种农药产品，同一种农药产品不同厂家生产，都有各自的“三证”。

每家农药企业的每一个商品化的农药产品，在农药标签上印有“三证”的三个号。“三证”不齐，或冒用其他农药产品“三证”，或冒用其他厂家“三证”，产品属伪劣假冒范围，属违法行为。

一个农药产品，有了“三证”，不按“三证”中规定的技术要求组织生产，产品质量达不到“三证”的有关规定，产品即为劣质次品，因此酿成不良后果，生产企业要负法律责任。

中华人民共和国国家工商行政管理局和中华人民共和国农业部于1995年4月7日联合颁布《农药广告审查办法》，将“三证”列为必审内容之一。

74. 绿色食品应怎样防治病虫害？

绿色食品的病虫害防治以“综合治理”为原则，贯彻“预防为主，综合防治”的植保方针。通过培育壮苗，合理施用各种调节生长技术，充分发挥农田的生态自然控制因素的作用，增强农产品对有害生物的抵抗能力。通过栽培管理、改善和优化农田生态系统，创造一个有利于农产品生长发育而不利于有害生物发生发育的环境条件。优先采用农业防治、物理防治、生物防治，必要时使用化学防治，将农产品病虫害的为害控制在允许的经济阈值以下。同时，农产品农药残留不超标，达到生产绿色食品的目的。

农业防治指通过选用抗耐病虫品种，加强栽培管理，建立间作、轮作制度，合理布局茬口，提倡水旱轮作和反季节栽培等农艺措施来防治有害生物的一种方法。具体可采用：因地制宜选用优质高产、抗、耐病虫品种。种子在播种前采用温汤浸种消毒。苗床可在高温季节利用太阳暴晒进行土壤消毒。根据当地气象条件和农作物品种特性，选择适宜的播种期，采用温室育苗或营养钵育苗，移栽前进行炼苗，增强抗病力，在根据不同作物进行合理密植。保护地农作物应控制好温、湿度，适时中耕除草，科学肥水管理，适时采收。在生产过程中要及时摘除病枝、残叶，带出田外深埋或烧毁，减少传播源，采收后及时清除废弃地膜、秸秆、病株、残叶，并集中处理。

物理防治可采用以下措施：

(1)晒种、温汤浸种。播种或浸种催芽前，将种子晒2～3天，可利用阳光杀灭附在种子上的病菌；茄、瓜、果类的种子用55℃温水浸种10～15分钟，均能起到消毒杀菌的作用；用10%的盐水浸种10分钟，可将混入种子里的菌核病残体及病菌漂出和杀灭，然后用清水冲洗种子，播种，可防菌核病，用此法也可防治种子线虫病。

(2)利用太阳能高温消毒、灭病灭虫。菜农常用方法是高温闷棚或烤棚，夏季休闲期间，将大棚覆盖后密闭，选晴天闷晒增温，可达60～70℃，高温闷棚5～7天杀灭土壤中的多种病虫害。

(3)嫁接栽培。利用黑籽南瓜嫁接黄瓜、西葫芦，能有效地防治枯萎病、灰霉病，且抗病性和丰产性高。

(4)诱杀。利用白粉虱、蚜虫的趋黄性，在棚内设置黄油板、黄水盆等诱杀害虫。

(5)喷洒无毒保护剂和保健剂。蔬菜叶面喷洒巴母兰400～500倍液，可使叶面形成高分子无毒脂膜，起预防污染效果；叶面喷施植物健生素，可增加植株抗虫病害的能力，且无腐蚀、无污染，安全方便。

生物防治首先应保护和利用瓢虫、草蛉、食蚜蝇、猎蝽、蜘蛛等捕食性天敌和赤眼蜂、丽蚜小蜂等寄生性天敌。可以利用微生物农药，如苏云金杆菌(Bt)等细菌；蚜霉菌、白僵菌、绿僵菌等真菌；昆虫病毒；微孢子虫等原生动物。也可以选用拮抗微生物(5046菌肥、木霉素等)、病原物的寄生物、非生物诱导抗性以及农用抗生素(阿维菌素、井冈霉素、农用链霉素等)、抗菌剂等微生物农药防治病虫。还可以利用藜芦碱醇溶液、苦参素、苦楝素、烟碱、鱼藤根、除虫菊素、双素碱等植物源农药防治多种害虫。

75. 绿色食品生产中如何合理使用农药？

(1)对症下药。在充分了解农药性能和使用方法的基础上，根据防治病虫害的种类，使用合适的农药类型或剂型。如杀虫剂中的胃毒剂防治咀嚼式口器害虫有效，防治刺吸式口器害虫无效；噻嗪酮(扑虱灵)对白粉虱若虫有特效，对蚜虫则无效；辟蚜雾对桃蚜有特效，但防治瓜蚜效果差；等等。在防治保护地病虫害时，根据天气状况灵活选用不同剂型的农药，晴天可选用粉剂、可湿性粉剂、胶悬剂等喷雾，阴天要选用烟熏剂、粉尘剂喷洒或熏烟，不增加棚室湿度，减少叶露及叶缘吐水，对控制低温高湿病害有明显效果。

(2)适期用药。根据病虫害的发生规律，严格掌握最佳防治时期，做到适时用药。如蔬菜播种或定植前，应采取土壤处理、药剂拌种等措施；当蚜虫、蛾类点片发生及粉虱低密度发生时采用局部施药。不同的农药具有不同的性能，防治适期也不一样。生物农药作用较慢，使用时应比化学农药提前2～3天。

(3)科学用药。要注意交替轮换使用不同作用机制的农药，不能长期单一化，防止病原菌或害虫产生抗药性，利于保持药剂的防治效果和使用年限。作物生长前期以高效低毒的化学农药和生物农药混用或交替使用为主，生长后期以生物农药为主。使用农药应推广低容量的喷雾法，并注意均匀喷施。

(4)选择正确喷药点或部位。施药时根据不同时期不同病虫害的发生特点，确定植株不同部位为靶标，进行针对性施药，以达到及时控制病虫害发生，减少病原和压低虫口数的目的，从而减少用药。例如，晚疫病通常首先在棚室的前部（南端）作物上发生，所以应及时在前部作物上喷药防治。霜霉病的发生是由植株下部开始向上发展的，早期防治霜霉病的重点在植株下部，可以减轻植株上部染病。蚜虫、白粉虱等害虫易栖息在幼嫩叶子的背面，因此喷药时必须均匀，喷头向上，重点喷叶背面。

(5)合理混配药剂。采用混合用药方法，可达到一次施药控制多种病虫危害的目的，但农药混配要以保持原有效成分或有增效作用，不增加对人畜的毒性并具有良好的物理性状为前提。一般各中性农药之间可以混用；中性农药与酸性农药可以混用；酸性农药之间可以混用；碱性农药不能随便与其他农药混用；微生物杀虫剂（如Bt)不能同杀菌剂及内吸性强的农药混用；混合农药应随混随用。在使用混配有化学农药的各种生物源农药时，所混配的化学农药只能是允许限定使用的化学农药。

(6)不随意加大用药量和喷药次数。农药安全使用准则和无公害农产品生产标准中规定了每种农药在不同作物上的用药量、用药次数、最大允许残留量和安全间隔期，在无公害农产品生产中必须严格执行，要彻底改变随意加大用药量和喷药次数、多种农药乱混乱配的落后习惯。菊酯类农药的安全间隔期5～7天，杀菌剂中百菌清、代森猛锌、多菌灵14天以上，其余7～10天。农药混剂执行其中残留性最大的有效成分的安全间隔期。蔬菜喷药后一定要等农药降解到无残毒时，方可收获上市。多次采摘的蔬菜，必须做到先采收后喷药，以保证消费者的身体健康。

76. 绿色食品生产禁止使用哪些化学农药？

无公害农产品生产在所有作物上禁用以下化学农药：

无机砷杀菌剂类农药：砷酸钙、砷酸铅；

有机砷杀菌剂类农药：甲基砷酸锌、甲基砷酸铁铵(田安)、福美甲胂、福美砷；

有机锡杀菌剂农药：薯瘟锡(三苯基醋酸锡)、三苯基氯化锡和毒菌锡；

有机汞杀菌剂农药：氯化乙基汞(西力生)、醋酸苯汞(赛力散)；

氟制剂农药：氯化钙、氟化纳、氟乙酸钠、氟乙酸胺、氟铝酸钠、氟硅酸钠；

有机氟杀虫剂农药：滴滴涕、六六六、林丹、艾氏剂、狄氏剂；

卤带烷类熏杀虫剂农药：二溴乙烷、二溴氯丙烷；

有机磷杀虫剂农药：甲拌磷、乙拌磷、久效磷、对硫磷、甲基对硫磷、甲胺磷、甲基易柳磷、治螟磷、氯化乐果、磷胺、马拉硫磷；

有机磷杀菌剂农药：稻瘟净、易稻瘟净；

氨基甲酸酯杀虫剂农药：克百威、滴灭威、灭多威；

二甲基甲脒类杀虫剂农药：杀虫脒；

取代苯类杀虫杀菌剂农药：五氯硝苯、稻瘟醇(五氯苯甲醇)；

植物生长调节剂农药：有机合成植物生长调节剂；

二苯醚类除草剂农药：除草醚、草枯醚；

在蔬菜、果树、茶树上禁用有机氟杀螨剂农药：三氟杀螨醇；

在水稻、茶树禁用拟除虫菊酯类杀虫剂农药：所有拟除虫菊酯类杀虫剂；

在蔬菜上禁用除草剂农药：各类除草剂。

任何农药产品都不得超出农药登记批准的使用范围使用。

77. 农药药害指什么?

农作物是农药的保护对象，但用药不当，农药也会伤害农作物，即药害。受药害的作物，按症状不同可分为急性药害、慢性药害和残留药害三种。

(1)急性药害。急性药害发生快，一般在施药后2～5天就会出现，其症状也很明显，表现为：穿孔、烧伤、凋萎、落叶、落花、落果、卷叶畸形、幼嫩组织枯焦、失绿变色或黄化、矮化、发芽率下降、发根不良、生育期推迟等。易发生这一类药害的农药如石硫合剂、波尔多液等，把敌百虫错用到高粱上，也会使叶片很快灼伤，以致全株枯死。

(2)慢性药害。农药施用后，药害不马上出现，症状不明显，主要是影响农作物的生理活动，大多数表现为光合作用减弱、生长发育缓慢、延迟结果、着花减少、颗粒不饱满、果形变小畸形，产量降低或质量变差、色泽恶化等。鉴别慢性药害，一般应与健康的作物进行比较。

(3)残留药害。由残留在土壤中的农药或其分解产物引起的。这一类的药害，主要是因为有些农药的残留期较长，影响下茬作物的生长，如绿黄隆等。

78. 农作物药害产生的原因?

引起农作物发生药害的原因是多方面的，也很复杂。主要有下列因素可以引起药害：

(1)与药剂性质有关。任何一种农药对农作物都有一定的生理作用，不同的品种对农作物有不同的反应。一般来说，抗生素类和仿生农药、鱼藤精、除虫菊素、井冈霉素和拟除虫菊酯等，不易引起药害。无机农药和水溶性大、渗透性大的农药，对作物容易引起药害。同时，农作物对无机农药的最高忍受剂量又很接近它的最低有效防治剂量。因此，稍有不慎就有发生药害的可能。

一般来说，除草剂和植物生长调节剂产生药害的可能性要大些。因为除草剂防治对象是杂草等有害的植物，这些有害植物与农作物同属高等植物，有的还与农作物同科同属。

(2)与农作物对农药的耐药力有关。各种农作物对农药表现敏感性和耐药力的强弱有着很大的差异，为了防止药害的发生，在选用农药时，首先要分析了解农作物种类和品种间对药剂的敏感反应程度。例如，马铃薯、葡萄等对可溶性铜的耐药力较强，直接施用硫酸铜溶液也不致引起很严重的药害，而桃、李、黄瓜、白菜等对可溶性铜忍耐力则很差，就是配成波尔多液使用也会引起药害。此外，同一种作物的不同品种之间耐药力也有所不同。如在梨树上使用晶体敌百虫稀释1000倍的药液，一般是比较安全的，若在“巴梨”品种上使用时，却很易发生药害。就植物本身而言，蜡质层厚的、茸毛多的、细胞壁厚的、气孔少的，其耐药力往往是比较强的。而瓜类作物由于叶子多皱纹、组织疏松、叶面气孔大而多和角质层薄，容易积聚较多的药剂，这样瓜类耐药力就差些，容易发生药害。耐药力较强的作物有稻、麦、玉米、甘蔗、马铃薯、甘薯、花生、棉花、柑橘、甘蓝、花椰菜等，耐药力较弱的作物则有桃、李、杏、梅、枇杷等。

(3)与农作物不同的生育阶段对农药的敏感程度有关。一般地说，幼苗期、开花期、孕穗期等生育阶段和幼嫩组织等部位比较敏感，耐药力差，容易发生药害。例如，用敌百虫防治荔枝蝽象，选择在三月初和五月底进行施药，就是为了避开开花盛期，以免发生药害。很多除草剂的施用，都选择在农作物播种前，或播种后出苗前的一段时间内施药，就是为了避免幼苗发生药害。

(4)与使用的农药质量差、杂质多或贮存过久变质或混杂其他药剂有很大关系。使用质量不好的农药是容易引起药害的重要因素之一。商品农药绝大部分是经过加工制成的制剂，加工质量和加工所用的辅助原料如溶剂、乳化剂、湿润剂和各种填料是否合格或因贮存时间过长、贮存条件较差、使药剂变质减效等，这些对发生药害都有直接的关系。

(5)与环境条件有关。高温、阳光、高湿等环境条件的影响，都会使某些农药对某些农作物产生药害。例如，石硫合剂是以挥发气态硫而发挥杀虫、杀菌作用，气温越高，则硫黄挥发越快，防治病虫的效果也越好，但对农作物的药害也随之而增加，它在26.5℃就可以发生药害。像波尔多液、石硫合剂等无机农药，在过于潮湿或干旱的情况下，都能促使农药药害的发生。此外，移栽秧田使用乙氧氟草醚(果尔)不能在气温低于20℃或气温低于15℃时施药，这不仅影响除草效果，也容易发生药害。至于天气特别干旱、气温又高而发生药害，这不仅由于药剂活性增强，而且也由于植物新陈代谢加快，耐药力减弱所致。如氟磺胺草醚(虎威)用于大豆上，在干旱的条件下，大豆叶片会产生药害。

(6)与农药不同的剂型有关。一般来说，超低容量喷雾剂乳油比可湿性粉剂、乳粉、粉剂容易引起药害，颗粒剂对农作物是比较安全的剂型，特别是乳油可湿性剂加水后上有浮油、下有沉淀等，都能使某些耐药力差的作物产生药害。

(7)与农药使用方法不恰当，施药量控制不严，混用不当，甚至乱用、错用等都有着很重要的关系。可以说，这也是当前发生药害比较普遍的原因，这在除草剂方面尤为突出。使用农药防治病虫草鼠等的技术要求，都是根据病虫草鼠害的生育特性、发生规律、为害特点以及农作物的耐药程度等来确定农药的有效施用浓度和每667平方米施用量等，既达到防治的目的，又对作物安全无害。如用药浓度过高，药量过多，用药方法不当，施药和拌药不均匀，施药时间不适，或混合使用或者对不同药剂的连续使用的间隔时间过短，甚至稀释用水选用不当等，都会产生药害。使用晶体敌百虫如不能全部溶化开，也容易发生药害；又如有机磷农药、氨基甲酸酯类农药就不能和除草剂敌稗混用，否则易使水稻产生药害；2，4－滴丁酯喷雾剂防治玉米地杂草，如正确使用对玉米是安全的，若浓度偏高、施药量偏多、用药时间偏晚、喷药不均匀等都能发生药害。

79．药害发生后补救措施有哪些？

作物受害发生后，应尽快采取补救措施，以尽量减少损失。

(1)喷水淋洗或用略带碱性的水淋洗。若是由叶面和植株喷洒某种农药后而发生的药害，如发现较早，可以迅速用大量清水喷洒受药害的作物叶面，反复喷洒清水2～3次，尽量把植株表面上的药物洗刷掉，并增施磷钾肥，中耕松土，促进根系发育，以增强作物恢复能力。此外，由于目前常用的大多数农药(敌百虫除外)，遇到碱性物质都比较容易分解减效，可在喷洒的清水中适量加0.2%的碱面或0.5%～1%的石灰，进行淋洗或冲刷，以加快药剂的分解。同时，由于大量用清水淋洗，使作物吸收较多水分，增加了作物细胞中的水分，对作物体内的药剂浓度能起到一定的稀释作用，也能在一定程度上起到减轻药害的作用。

(2)迅速追施速效肥。在发生药害的农作物上，迅速追施尿素等速效肥料增加养分，加强培育以增强农作物生长活力，促进早发，加速作物恢复能力，这对受害较轻的种芽、幼苗，其效果还是比较明显的。

(3)喷施缓解药害的药物。针对导致发生药害的药剂，喷洒能缓解药害的药物。如农作物受到氧乐果、对硫磷等农药的药害，可在受害作物上喷施0.2%硼砂溶液；油菜、花生等受到多效唑抑制过重，可适当喷施0.05%“九二〇”溶液；硫酸铜或波尔多液引起的药害，可喷施0.5%石灰水等。

(4)去除药害较严重的部位。这种措施在果树中常用之。如在果树上采用灌注、注射、包扎等施药方法，使用内吸性较强的杀虫药剂，若因施药浓度过高而发生药害，对受害较重的树枝，应迅速去除，以免药剂继续传导和渗透，并迅速灌水以防止药害继续扩大。

80. 农药常用施用方法有哪些？

根据目前农药加工的剂型种类，常用的施药方法有以下16种。

(1)喷粉法。喷粉是利用机械所产生的风力将低浓度或用于细土稀释好的农药粉剂吹送到作物和防治对象表面，它是农药使用中比较简单的方法。

喷粉法的优点：

①操作方便，工具比较简单；

②工作效率高；

③不需用水，不受水源的限制；

④对作物一般不易产生药害。

喷粉法的缺点：

①药粉易被风吹失和被雨水冲刷，缩短了药剂的持效期，降低了防治效果。

②单位耗药量要多些，在经济上不如喷雾来得节省。

③污染环境和施药人员的本身。

(2)喷雾法。将乳油、乳粉、胶悬剂、可溶性粉剂、水剂和可湿性粉剂等农药制剂，加入一定量的水混合调制后，制成均匀的乳状液、溶液和悬浮液等，利用喷雾器使药液形成微小的雾滴。20世纪50年代前，主要采用大容量喷雾，每667平方米每次喷药液量大于50升，但近10多年来喷雾技术有了很大的发展，主要是超低容量喷雾技术在农业生产上得到推广应用后，喷药液量便向低容量趋势发展，每667平方米每次喷施药液量只有0.1~2升。

(3)毒饵法。毒饵主要是用于防治为害农作物的幼苗并在地面活动的地下害虫，如小地老虎以及家鼠、家蝇等卫生害虫。作毒饵的饵料，麦麸、米糠、玉米屑、豆饼、木屑、青草和树叶等都可以，不管用哪一种作饵料，都要磨细切碎，最好把这些饵料炒至能发出焦香味，然后再拌和农药制成毒饵，这样可以更好地诱杀。

(4)种子处理法。种子处理有拌种、浸种和闷种等方法。

①拌种法。拌种是用一种定量的药剂和定量的种子，同时装在拌种器内，搅动拌和，使每粒种子都能均匀地沾着一层药粉，在播种后药剂就能逐渐发挥防御病菌或害虫为害的效力。拌过的种子，一般需要闷上一两天后，使种子尽量多吸收一些药剂，这样会提高防病杀虫的效果。

②浸种法。把种子或种苗浸在一定浓度的药液里，经过一定的时

间使种子或幼苗吸收了药剂，以防治被处理种子内外和种苗上的病菌或苗期虫害。

③闷种法。杀虫剂和杀菌剂混合闷种防病治虫，可达到既防病又杀虫的效果。

(5)土壤处理法。用药剂撒在土面或绿肥作物上，随后翻耕入土，或用药剂在植株根部开沟撒施或灌浇，以杀死或抑制土壤中的病虫害。

(6)熏蒸法。利用药剂产生有毒的气体，在密闭的条件下，用来消灭仓储粮棉中的麦蛾、豆象、红铃虫等。夏季熏蒸用药量可少些，时间也可以短些。此外在大田也可以采用熏蒸法，如用敌敌畏制成毒杀棒施放在棉株枝杈上，可以熏杀棉花的一些害虫。

(7)熏烟法。利用烟剂农药产生的烟来防治有害生物的施药方法。烟是悬浮在空气中的极细的固体微粒，其重要特点是能在空间自行扩散，在气流的扰动下，能扩散到更大的空间中和很远的距离，沉降缓慢，药粒可沉积在靶体的各个部位，因而防效较好。熏烟法主要应用在封闭的小环境中，如仓库、房舍、温室、塑料大棚以及大片森林和果园。

(8)烟雾法。把农药的油溶液分散成为烟雾状态的施药方法。烟雾法必须利用专用的机具才能把油状农药分散成烟雾状态。烟雾一般是指直径为0.1~10微米的微粒在空气中的分散体系。微粒若固体称为烟，若液体称为雾。烟是液体微滴中的溶剂蒸发后留下的固体药粒。由于烟雾的粒子很小，在空气中悬浮的时间较长，沉积分布均匀，防效高于一般的喷雾法和喷粉法。

(9)施粒法。指抛撒颗粒状农药的施药方法。粒剂的颗粒粗大，撒施时受气流的影响很小，容易落地而且基本上不发生漂移现象，特别适用于地面、水田和土壤施药。撒施可采用多种方法，如徒手抛撒(低毒药剂)、人力操作的撒粒器抛撒、机动撒拉机抛撒。

(10)飞机施药法。用飞机将农药均匀地撒施在目标区域内的施药方法，也称航空施药法。它是功效最高的施药方法，适用于连片种植的作物、果园、森林、草原、孳生蝗虫的荒滩和沙滩等地块施药。适用于飞机喷撒的农药剂型有粉剂、可湿性粉剂、悬浮剂、干悬浮剂、乳油、水剂、油剂、颗粒剂等。飞机喷粉由于粉粒飘移严重，已很少使用。

飞机喷施杀虫剂，可用低容量和超低容量喷雾；低容量喷雾的施药液量为10～50升／公顷；超低容量喷雾的施药液量为1～5升／公顷；一般要求雾滴覆盖密度为20个／平方厘米以上。飞机喷洒触杀型杀菌剂，一般采用高容量喷雾，施药液量为50升／公顷以上；喷洒内吸杀菌剂可采用低容量喷雾，施药液量为20～50升／公顷。飞机喷洒除草剂，通常采用低容量喷雾，施药液量为10～50升／公顷，若使用可湿性粉剂则为40～50升／公顷。飞机撒施杀鼠剂，一般是在林区和草原施毒饵或毒丸。

飞机施药作业时风速：喷粉不大于3米／秒，喷雾或喷微粒剂不大于4米／秒，撒颗粒剂不大于6米／秒。

(11)擦抹施药法。这是近几年来在农药使用方面出现的新技术，在除草剂方面已得到大面积推广应用。其具体方法为：由一组短的尼龙绳组成，绳的末端与除草剂药液相连，由于毛细管和重力的流动，药液流入药绳，当施药机械穿过杂草蔓延的田间时，吸收在药绳上的除草剂就能擦抹生长较高的杂草顶部。擦抹施药法所用的除草剂的药量，大大低于普通的喷雾剂。因为药剂几乎全部施在杂草上，所以这种施药方法作物不受药害，雾滴也不飘移，防治费用也省。

(12)覆膜施药法。这种施药方法主要用在果树上。在苹果坐果时，喷一层覆膜药剂，使果面上覆盖一层薄膜，以防止发生病虫害。现在已有覆膜剂商品出售。

(13)种子包衣法。它是在种子上包上一层杀虫剂或杀菌剂等外衣，以保护种子和其后的生长发育不受病虫的侵害。

(14)挂网施药法。也是用在果树上，它是用纤维线绳编织成网状物，浸渍在欲使用的高浓度的药剂中，然后张挂在欲防治的果树上，以防治果树上的害虫。这种施药方法可以达到延长药效期，减少施药次数，减少用药量。

(15)水面漂浮施药法。这是近年来新发展的一种农药使用技术。它是以膨胀珍珠岩为载体，加工成水面漂浮剂，其颗粒大小在60～100筛目。当前主要有甲基对硫磷水面漂浮剂、甲胺磷水面漂浮剂等，这种施药方法对防治水稻螟虫的为害有较强的针对性，药效显著，且药效期较长。

(16)控制释放施药法。它是减少药剂用量、减少污染、降低农药残留和延长药效很重要的施药技术。

81．病虫防治标准是怎样的？

使用农药不仅要看防治适期，还要看病虫害的发生数量和为害程度。所以，正确制定防治标准，应掌握以下三个基本原则。

(1)经济上要合算。就是使用较小的防治费用能大大地挽回害虫所造成的经济损失。如果病虫害发生很轻，估计所造成的经济损失不大，若施用农药反而增加了生产成本，这时就不必使用农药防治。

(2)看害虫发生数量，即虫口密度。如棉铃虫，棉田每100株有卵量20～30粒，应进行化学防治；又如三化螟，每667平方米有卵块50块以上应普遍施药，50块以下选择挑治，或每667平方米有枯心团30个以上应普治，30个以下可以挑治。

(3)考虑天敌和其他环境对病虫害发生的影响，保护和利用天敌。

如稻田褐稻虱发生量较大，本来应该施药，但若这时飞虱的天敌蜘蛛很多，它与飞虱数量比例可达到1:(8~9)时，就可不必施药。

82. 什么是农药超低容量喷雾技术？

农药超低容量喷雾技术即防治单位面积农作物上的病虫草所喷施的药液容量要比常规喷雾少得多的施药方法，也就是每667平方米喷施的药液量在330毫升以下。超低容量喷雾技术与常规喷雾相比有许多优点。

(1)工效高。如东方红－18型超低容量喷雾机，每小时能防治3.33公顷，手持的电动3WCD－5型机，每小时也能防治1公顷，都比背负式手动喷雾器的工效高50倍和20倍左右。这无疑会节省大量的劳动力和时间，还可减轻劳动强度，且可以及时防治暴发性的病虫草害。

(2)用药量少。每667平方米一般用药液量只有100~200毫升，比常规喷雾可减少有效药量20%左右，如与低浓度粉剂相比，其节省药量更为显著，可达50%以上。

(3)防治费用低。由于可直接使用原药或高浓度的油剂，这样能节省大量溶剂、乳化剂、填充剂和包装材料，大大地减少运输量和节省能耗等，从而降低了10%~30%的防治费用。

(4)药剂浓度高、药效长、效果好。施用的药剂浓度有效成分一般为25%~50%，最高的可达80%以上。含量高的油质雾滴比含量低的水质雾滴能耐光、耐温、抗雨，因而持效期也要长些，防治适期也可以宽些，特别是作物附着的药剂接近原药，其挥发熏蒸作用大，害物接触到药剂时，能很快向害物体内侵入或渗透，提高了防治效果。

(5)流失少，对环境污染小。由于超低容量喷雾的雾滴很细，药剂粘附在害物表面上的量也要大些，且能耐雨水冲刷。因而，药剂流失量要少，对大气和河流的污染也要小些，能达到保护环境的要求。

(6)药剂使用时不需加水。超低容量喷雾用的药剂在使用前不需加水稀释，可直接喷洒，这不仅可省去取水配药等繁重的劳力，而且也减少了提水配药的工具。

超低容量喷雾技术有很多优点，但不是所有农药品种都可以作超低容量喷洒使用，它除对药剂有一定的要求外，对气候条件要求也是比较高的，因而也存在一定的局限性。

(1)要求药剂的毒性要低。致死中量(LD50)一般应小于100毫克/千克。剧毒农药不能用，因药剂浓度高、雾滴小、飘移远，如操作不当，容易发生中毒事故。

(2)作超低容量喷雾的药剂要具有较强的内吸作用。由于喷雾速度快，且药量又很少，作物体表上不可能使每个部位都能沾到药剂，而害物在作物体上为害，又可能在每个部位都有，如果药剂不具有较强的内吸性能，加之受到雾滴穿透性的限制，对密植作物后期为害基部的害虫，防效欠佳。

(3)风大不能喷药，无风也不能喷药。因这种施药方法受风力、风向和上升气流等气象因素影响很大，一般要求风力在2～3级为宜。

(4)对需要稀释的溶剂要求高。如溶剂溶解度要大、挥发性要低，且对作物要安全无害。

(5)喷施技术要求比较严格。如喷洒不慎、不周到，不仅影响药效，还有可能出现药害。

(6)在防治范围上也有一定要求。如防治病害，喷施内吸性杀菌剂，尚能获得较好的防治效果；如用保护性杀菌剂，一般防治效果都不是很理想。至于在防除杂草方面，这种超低量喷雾技术受到限制更大，如做土壤处理，不宜采用超低容量喷雾，而对叶面处理的除草剂也很少采用。

83. 超低容量喷雾器的使用技术有哪些？

当前常用超低容量喷雾器有两种，一是机动超低容量喷雾器，既能防治矮秆作物上的病虫害，又可用于防治高大果树林木上的病虫害，功效高，一机多用，且受气候条件影响较小。二是手动超低容量喷雾器，其功效虽只及机动的1/3，但由于它简单灵活、携带方便且价格便宜，比较适合当前农业生产的要求。

(1)操作手动超低容量喷雾器时，要求步行速度与喷雾器的喷流率相适应。在有效喷幅为5米时，其步行速度每秒1～1.3米，其药液每秒喷流量为1毫升；若步行速度每秒0.75～1.0米，则药液喷流量每秒为0.7毫升。步行速度一定要适中，太快太慢不是影响防治质量就是增加用药量，甚至还会造成药害。

(2)使用手动超低容量喷雾器之前，要选择适宜的风速。由于手动超低容量喷雾器对风速、风向要求很严，一般应在1～2级风(每秒钟1～3米风速)时使用最好，喷药应顺风进行，喷头离作物顶端高度0.5～0.8米，按预定方向和速度前进。而且喷雾角应与地面平行。当喷向与风向不平行时，偏风一侧就喷不到边，应该向前喷至雾滴能覆盖整个地块的作物。

(3)超低容量喷雾技术较适宜防治农作物叶面害虫，而对作物中下部的害虫防效则较差。特别是棉花在中后期，其叶面茂盛、覆盖度高，药剂雾滴很难溅落到中下部。因此，在使用超低容量喷雾防治棉花中后期棉铃虫前，最好能合理地整枝打杈，这样可使下面的枝、叶、花、蕾能沉降较多的雾滴，以提高防治效果。

84. 深层施药技术有哪些特点？

深层施药是将一些内吸性的杀虫剂、杀菌剂和除草剂等农药，在病虫草发生前就深施在农作物根系附近的土层里，以使作物或杂草吸收中毒而死，而天敌益虫则可免于其害，这是一种经济、安全、有效的施药方法。根据各地使用情况，其特点如下：

(1)减少药剂的挥发损失，减少施药的次数，能较好地保持药效期。在作物生长期深施一次农药，即能把多种害虫控制在较轻的为害程度，例如在棉花苗期深施一次3%克百威颗粒剂或甲拌磷颗粒剂，其持效期分别可达60天和50天左右，这不仅可节省防治费用，减轻了对环境的污染，更重要的是不致因劳力紧张而顾此失彼，延误了有效防治时期。

(2)深层施药可避免直接杀伤天敌，保护有益昆虫。深施内吸性杀虫剂，除能控制作物生长期的虫害外，还能使天敌数增加。克百威、杀虫双等深施，对天敌有保护作用。根据试验区调查得知，在克百威深施区的盲蝽、蜘蛛类等益虫的数量，分别比喷粉区高2.3倍和0.9倍。

(3)可避免施药后受到雨水的冲刷流失和风吹振动的损失，减少了污染并能延长药剂的持效期。因此，只要解决深层施药器具，就可以大量节省农药，对保护环境、保护天敌等都有好处。

85. 怎样进行根区深层施药？

根区深层施药是一种经济、安全、有效的施药方法，可杀死害虫而避免害虫天敌中毒。其基本方法是将黄土碾细拌农药，在最后一次耕地时撒施于泥层内犁耙后，再播种或移栽。在水稻根区施药也可将农药与细黄土制成球粒或泥块，每个球(块)药重10～12克，每4丛中间施一个药球，深施7厘米左右。

根区深层施药要掌握好深施用药的次数和数量，一般如控制一代害虫的发生，每667平方米用药量按纯药计算用3～5克，一次深施即可，如果天敌基数少，主要靠农药控制二代害虫的发生，其用药量就要增加到6～8克，也可一次深施。同时要搞好“两查两定”，一定要对症下药，坚持防治指标，控制施药面积。

86. 什么是药剂稀释倍数、药液有效使用浓度和喷施药液量？

(1)药剂稀释倍数。即称取一定质(重)量或量取一定体积的商品农药，按同样的质(重)量单位(如克、千克)或体积单位(如升等)的倍数计算加水或加其他稀释剂，然后配制成稀释的药液或药粉。加水量或加入其他稀释剂的量相当于商品农药用量的倍数。例如取0.5千克商品可湿性粉剂加水500千克，就是稀释1000倍；5毫升乳油农药加水4000毫升，就是稀释800倍。

(2)药液有效使用浓度。即农药稀释液中含有能杀虫、杀菌或除草等有效成分的量，在这种浓度使用下，可使害虫、病菌和杂草毒死，而对作物安全无害。常用百分数或百万分数来表示，如千分之一则应用0.1%表示，万分之五则应用0.05%表示，如浓度很低则用百万分数表示，如百万分之五，即5毫克／升；百万分之二十，即20毫克／升。药剂的有效使用浓度，应随药剂种类、剂型、使用方法、作物种类、当时气温和防治对象的不同而异。例如，用敌百虫灌心叶防治玉米螟，其有效使用浓度为0.05%（万分之五)，而作防治二化螟则需0.1%（千分之一)，前者比后者低两倍。

(3)喷施药液量。即单位面积上每次喷施农药稀释液的量，根据常规的施药方法，使用背负式喷雾器或手动高压喷雾器，并视农作物生长情况、农药种类和防治对象以及当地水源情况，每667平方米每次喷施已稀释好的药液量为20～100千克。如采用弥雾喷雾或超低容量喷雾，其单位面积上的喷施药液量要少得多，一般只有常规喷雾量的1／100～1／5。若需施用的药液量折成有效药量数，则将药剂的有效使用浓度和每667平方米每次实际耗用稀释的药液量之积，即得有效药量数。例如用40%氧乐果500克稀释4000倍防治棉花蚜虫，每667平方米每次用稀释药液100千克，则每667平方米实耗氧乐果10克。

一般来说，如稀释倍数高，则药液中有效浓度就低，单位面积上喷施的药液量也要多。若稀释倍数低，药液中有效浓度相应增高了，则喷施药液量也相应要少。

87. 喷洒液浓度和用药量有什么不同？

喷洒液浓度指药液中含农药有效成分量的比例，浓度0.12%百菌清悬浮液，即10千克药液中含百菌清12克。用药量指单位面积上使用农药有效成分的数量，例如防治黄瓜霜霉病每667平方米用百菌清有效成分100克，或用75%百菌清可湿性粉剂133克。

但是喷洒液浓度与用药量之间是可以相互换算的。用133克75%百菌清可湿性粉剂防治667平方米地黄瓜的病害，需喷药液50升，则其浓度为：

商品农药重量 × 商品农药含量／喷药液量 ×100% =133×0.75/50×100=0.2（%）

若喷药液量需75升，其浓度为：133×0.75/75×100=0.133(%)。同样的，由喷洒液浓度和喷洒药液量就可以计算出实际用药量。每667平方米喷0.133%百菌清药液50升，其实际用75%百菌清可湿性粉剂的量为：

喷洒液浓度 × 喷液量／商品农药浓度 =0.00133×50000/0.75=88.7(克)

若喷液量为75升，则实际用75%百菌清可湿性粉剂的量为：

0.00133×75000/0.75=133（克）

所以说，喷了相同浓度的药液，并不等于喷了相同的药量。田间喷液量常常因人而异，有人喜欢把植株喷得淌水，认为这样才算“喷透”，而有人则喷得较少。喷液量也受喷雾器的性能和质量的影响，田间实际喷洒量往往是不稳定的，有时偏高，有时偏低，从而防治效果也跟着发生波动。

正确的做法是，根据每667平方米地需用的有效成分药量，结合喷雾机具的性能确定每667平方米加水量，再把所需用的药量加入配成喷洒药液。

88. 怎样确定农药稀释加水倍数？

确定商品农药配制喷洒时的加水倍数，大体可根据以下几方面的要求。

(1)不同的商品药剂防治同一病虫害有不同的稀释要求。例如，用80%敌敌畏乳油防治棉花蚜虫，每500克乳油可加水3000倍，而用50%马拉硫磷乳油只能稀释1500倍。

(2)同一商品农药不同的剂型，防治同一病虫害，其稀释比例也不同。例如，用50%多菌灵可湿性粉剂防治麦类赤霉病，每500克可加水稀释1500倍，若用40%多菌灵胶悬剂，则每500克可加水1600倍。

(3)同一商品农药不同的使用方法，其稀释比例也不同。例如，用晶体敌百虫防治棉花金刚钻，其稀释加水应为1000倍，若用于毒饵法防治地下害虫，则每667平方米用药80～100克。

(4)同一商品农药不同的施药方式，其加水稀释倍数也不同。如用50%甲基对硫磷乳油防治棉蚜虫，作一般叶面喷雾，每500克可加水750～1000千克；若作快速喷雾，则药剂的使用浓度就要高些，每500克乳油只能加水1000倍。

(5)同一商品农药，在不同的气温条件下，其稀释配比也不同。

有的农药在气温高时，杀虫效果好些；在气温低时，杀虫效果就差些。有机磷农药和除草剂一般都有这种特点。如乐果在夏季气温较高时使用，其加水稀释倍数可达3000～4000倍，在气温低时只能加水1500～2000倍。

(6)害虫不同的生活期和龄期，以及农作物不同的生育期，对药剂的敏感程度也不同，对药剂的稀释配比也不同。例如，在冬季或早春防治果树上越冬介壳虫和虫卵，可以喷洒波美3～5度石硫合剂，若在夏季果树生长期防治害虫，只能喷洒波美0.3度的石硫合剂。

此外，水质的好坏、施药器具效率的高低、农作物耐药力的强弱、农作物植株的大小以及农副产品距离采收期的长短等，对药剂的使用浓度，都有一定的规定和要求，不能一概而论。因此，使用多种商品农药，必须按照规定的配制方法、稀释倍数，不能任意更改。

89. 农药稀释配制时怎样换算？

不同规格的商品农药，配制各种含有效成分的药液的加水稀释量也不相同。要把高浓度农药用水或土稀释配成适合需要使用的浓度或用药量，应通过稀释换算的方法，方能达到准确使用浓度的要求，一般其稀释配制的计算方法，常按下列公式：

公式(一)：稀释药液的重量＝商品农药的重量 × 商品农药的浓度／稀释药液的浓度

公式(二)：稀释应加水的重量＝(商品农药的重量 × 商品农药的浓度－配制后药剂的浓度)／配制后药剂浓度

公式(三)：稀释倍数＝稀释加水量／商品农药用量

现举例按上述计算公式换算：

例1：今需配用浓度为0.0125%的乐果稀释液500千克防治棉花蚜

虫，需要购买40%乐果乳油多少?

可按照公式(一)计算：

①稀释后药液的重量 =500千克，②商品农药的浓度 =40%，③稀释后药液的浓度 =0.0125%，④求需要购商品农药的重量 =x。

代入公式(一)

需购买商品农药的重量 = 稀释后药液的重量 × 稀释后药液的浓度/商品农药的浓度 =500×0.0125% /40% =0.156 (千克) =156 (克)

应购买40%乐果乳油156克。

例2：今有50%久效磷乳油250克，要求稀释成0.01%浓度的稀释液，应加多少水?

代入公式(二)

应加水的重量 = 商品农药重量 × 商品农药浓度 / 配制后药液浓度

应加水的重量 =0.25×(50/100) / (0.01/100) =12500 (千克)

实际应加水量为12500千克。

例3：用40%异稻瘟净乳油100克，加水稀释800倍，防治水稻稻瘟病，应加水量是多少?

可按照公式(三)代入：

稀释倍数 = 稀释加水量 / 商品农药用量

则稀释需加水量 =800×0.1=80 (千克)

90. 如何计算农药用量？

在商品农药的标签和说明书中均标明该药剂的有效成分含量。我国商品农药多采用质量百分数(%)标明含量，即每100克农药制剂中所含有效成分的克数。如20%氰戊菊酯乳油，即100克乳油中含有效成分20克。

在配药时，农药的取用量可根据标签上标明的含量来计算，其公式为：

农药制剂取用量＝每667平方米需用有效成分量／制剂中有效成分含量

例如，20%氰戊菊酯乳油，若每667平方米需用有效成分10克，则：

20%氰戊菊酯乳油取用量＝10/（20/100）＝50（克）

许多农药商品有多种不同规格，因此农药使用前应仔细查看商品标签或说明书，才能取量准确。

91．怎样计算农药混用时的用量？

农药混合使用时，各农药的取用量分别计算，而水的用量合在一起计算。例如，以75%百菌清和20%三氯杀螨醇混合使用兼治果树上的病害和红蜘蛛。百菌清使用浓度为0.133%，三氯杀螨醇使用浓度为0.013%。现要配制75升喷洒液，两种农药的取用量分别为：

75%百菌清可湿性粉剂取用量＝喷洒液浓度 × 喷液量／商品农药浓度＝0.00133×75000/0.75=133（克）

20%三氯杀螨醇乳油取用量＝0.00013×75000/0.2=48.8（克）

配制时，把两种药都加到75升水中，但应先加入乳油，乳化稳定后再加入可湿性粉剂。

92．如何正确量取药剂？

固体农药制剂和液体农药制剂普遍缺乏较严格的计量工具，很多施药人员是根据经验和估计或利用一些非计量器具来量取农药，如用不知容积的瓶盖量取液体制剂等。

固体制剂虽有些厂家采取按667平方米用量的小包装，但由于农户农田面积差别很大，往往使小包装需再计量取用；加水喷雾用的固体制剂还有个每次喷雾器药箱需用药剂量的量取问题。

液体农药制剂的量取，最方便的是采用容量器，主要有量筒、量杯、吸液管等。但使用时应注意：①避免把药液流到筒或杯的外壁，量杯的上口大，药液不易流到外表，在照相业和医疗业的器材商店都有这种塑料量杯出售；②用量筒或量杯量取药液时，要使筒或杯处于垂直状态，因为倾斜后从刻度上看药液体积会发生偏差，现在有些厂家采用的是兼作量具的特制瓶盖，并在标签上标明瓶盖的容积。

93．如何正确量取配药用的水？

量取配药用的水，很多施药人员习惯于用水桶来计量，也有用粪勺直接量取(南方稻区)，或用喷雾器药箱作为计量标准。实际上水桶、粪勺和药箱都不是量器，不能用于计量。如果在水桶内壁用油漆画出一条水位线，并用标准计量器进行校准，就比较可靠。在药箱内配药，切勿先把水加满到水位线以后再投药，因为这样会使农药制剂中的助剂很快稀释，不利乳油的油珠和粉粒的分散。正确的做法是：先在药箱内加入一半的水，投药后再补加水到水位线，这样可使药剂先同少量的水接触，容易混匀，后来补加的水对药液还有搅动作用。

94．如何正确配制稀释药液？

已经加工好的各种制剂的农药，虽然已具有较好的物理性能和药效，但这些物理性能和药效能不能得到充分的发挥，与在使用时药剂的调剂技术和精心操作有很大的关系。配制药剂应掌握以下几方面：

(1)粉剂农药的配制。低浓度粉剂农药的配制比较简单，主要作喷粉使用，只要在保管贮存时注意保持干燥，粉剂不结块结团就行了。但在配制毒土时，应该选择比较干燥的细土(如喷粉应是很干的细土)，配制时应混合均匀，则药效也就能均匀。

(2)可湿性粉剂农药的配制。可湿性粉剂农药的药效高低和调配技术关系很大。主要由于我国可湿性粉剂加工技术水平不高，可湿性粉剂质量还较差，悬浮率一般只有40%～50%。配制时，按使用面积先准确称好药粉，然后在药粉中加入少量的水(500克药粉加250克左右的水)，用木棒调和成糊状，不能有小团、小粒，然后加入一点水再调，以上面没有浮粉为限，最后加足剩余稀释量的水。使用时还要不时搅动药液以避免上下浓度不匀。在配制时，一定要按上述程序操作，不能为了省事，把可湿性药剂直接倒进大量水中，这样既难调，也调不匀，药液悬浮率很差，必然会影响防治效果。

(3)液用药剂的配制。液用药剂包括溶液、乳油、悬浮剂、固体乳粉、可溶性粉剂等。配制液剂时，要注意使用的水质、水量及加水方法。

①要注意水的质量。用于配制药剂的水，应该是清洁的江、河、湖、溪和沟塘的水，尽量不用井水，更不能使用污水、海水或咸水，因为这些水杂质多，含有钙、镁等化学物质，硬度高，配制药液特别对乳油类农药起破坏作用，容易产生药害。其杂质也容易堵塞喷雾器喷头，影响药剂的防治效果。

②要严格掌握药剂的加水倍数。每种农药都有一定的使用浓度要求。在配制时，应严格按规定的使用浓度加水，尤其是高效农药，更应严格掌握使用浓度和加水量。

③要注意加水方法。可湿性粉剂、乳油或可以溶在水里的农药，在按规定加入足量稀释水前，可先加少量水，配好母液，然后再按照

所需浓度加足水量，这样能提高药剂的均匀性。有的药剂在水中很容易溶解，但有的药剂虽也能溶解在水中但需要先用少量热水，才能加快药剂的溶解速度。例如，使用敌百虫原药时，就得先用少量热水化开后，再用冷水稀释到所需的使用浓度。

④要注意药剂的质量。在加水稀释配制乳油农药时，一定要注意药剂的质量。有的乳油农药由于贮存时间过长或者原来的质量也不是很好，已出现分层、沉淀，对有分层、沉淀的药剂，要在使用前把药瓶轻轻摇振多次，静置后若能成均匀体，就能使用。

第六章　主要绿色食品生产要求

95. 怎样生产绿色大米?

绿色大米指按照相关标准生产，经专门机构认定，许可使用绿色食品标志的稻谷及其成品粮。绿色大米的生产主要依据 NY/T 419—2007《绿色食品　大米》标准的规定，适用于籼米、粳米、籼糯米、粳糯米、蒸谷米、胚芽米、黑米、强化营养米和糙米。

绿色大米产地环境应符合绿色食品产地环境条件的要求；加工大米所用原料必须是按照绿色食品水稻生产操作技术规程生产的稻谷。

绿色大米的感官品质要求色泽、气味正常，无异味，无发霉变质现象，加工精度、不完善粒比例和最大限度杂质率控制在规定数值内；理化和卫生指标应符合标准规定要求。

绿色大米的包装上应标注绿色食品标志，具体标注办法按《中国绿色食品商标标志设计使用规范手册》规定执行。绿色大米的包装材料应符合国家食品包装卫生和环境保护的要求，包装材料应坚固、清洁、干燥、无任何昆虫传播、杂菌污染及不良气味。包装容器封口严密，不得破损、泄漏。

绿色大米应在避光、常温、干燥和防潮设施处贮存。贮存库房应清洁、干燥、通风良好，无虫害及鼠害。严禁与有毒、有害、有腐蚀性、易发霉、发潮、有异味的物品混存。运输工具应清洁、干燥、有防雨设施，严禁与有毒、有害、有腐蚀性、有异味的物品混运。

96. 怎样生产绿色蔬菜？

绿色蔬菜是指产地环境条件符合绿色食品产地的环境标准要求，按特定方式生产，经专门机构认定，许可使用绿色食品标志的无污染、安全、优质、营养的蔬菜。

⑴绿色白菜类蔬菜：绿色白菜类蔬菜主要依据NY/T　654—2002《绿色食品　白菜类蔬菜》标准的规定，适用于大白菜、白菜、乌塌菜、紫菜薹、菜薹、薹菜、日本水菜和其他新鲜或冷藏的白菜类蔬菜。

绿色白菜类蔬菜的产地环境、病虫害防治和施肥管理按绿色食品生产的相关要求进行。其他农药的使用方式及其限量应符合绿色食品生产农药使用的有关规定。

绿色白菜类蔬菜的感官品质要求同一品种，色泽正常、新鲜、清洁，无腐烂、烧心、异味、冻害、病虫及机械伤；同规格的样品其整齐度应≥85%；不符合品质要求的按质量计不合格率不得超过5%。营养和卫生指标应符合标准规定要求。

绿色白菜类蔬菜的包装容器必须整洁、干燥、牢固、透气、美观，无污染，无异味，内壁无尖突物，无虫蛀、腐烂、霉变等现象。纸箱无受潮，塑料箱包装应符合蔬菜用塑料周转箱的要求。包装上应标明绿色食品白菜类蔬菜字样并附有绿色食品标志，同时应标明规格、净重、生产地名及生产单位、采摘日期等内容。运输过程中要保持适当的温度和湿度，注意防冻、防雨淋、防晒，通风散热。

(2) 绿色茄果类蔬菜：绿色茄果类蔬菜主要依据NY/T 655—2002《绿色食品　茄果类蔬菜》标准的规定，适用于番茄、茄子、辣椒、甜椒、酸浆、香瓜茄和其他新鲜或冷藏的茄果类蔬菜。

绿色茄果类蔬菜的产地环境条件、病虫害防治和施肥管理必须符合绿色食品生产的相关要求。

绿色茄果类蔬菜的感官品质要求为同一品种，成熟适度、色泽好、果形好、新鲜、果面清洁，无腐烂、异味、灼伤、冷害/冻害、病虫害及机械伤；同规格的样品其整齐度应≥90%；不符合品质要求的按质量计不合格率不得超过5%。营养和卫生指标应符合标准规定要求。

绿色茄果类蔬菜用于装贮的包装容器(塑料薄膜、塑料箱、纸箱等)必须大小一致，整洁、干燥、牢固、透气、美观、无污染、无异味，内壁无尖突物，无虫蛀、腐烂、霉变等现象，纸箱无受潮、离层现象。塑料包装应符合相关要求。每批蔬菜的包装规格、单位、重量须一致，每件包装净重不得超过10千克。包装上应标明产品名称、产品的标准编号、商标、生产单位名称、详细地址、产地、规格、净含量和包装日期等，标志上的字迹应清晰、完整、准确。包装容器上应有醒目的绿色食品标志。

绿色茄果类蔬菜运输前进行预冷。运输过程中应注意防冻、防雨淋、防晒，注意通风散热。对于贮藏期间的空气相对湿度，番茄保持在90%，辣椒、茄子保持在85%～90%。库内堆码应保证气流均匀流通。

(3) 绿色绿叶类蔬菜：绿色绿叶类蔬菜主要依据 NY/T 743—2003《绿色食品　绿叶类蔬菜》标准的规定，适用于菠菜、芹菜、叶用莴苣、莴笋、蕹菜、茴香(菜)、球茎茴香、苋菜、马齿苋、芫荽、叶恭菜、茼蒿、荠菜、冬寒菜、落葵、番杏、金花菜、紫背天葵、罗勒、榆钱菠菜、薄荷尖、菊苣、鸭儿芹、紫苏、香芹菜、苦苣、菊花脑、莳萝、甜荬菜、苦苣、苦苣菜、甜荬菜、苦荬菜、油荬菜、藤三七、食用芦荟、食用仙人掌、蒌蒿、蕺菜、食用甘薯叶和其新鲜或冷藏的绿叶类蔬菜。

绿色绿叶类蔬菜的产地环境条件、农药和肥料的使用及栽培管理必须符合绿色食品生产的相关要求。

绿色绿叶类蔬菜的感官品质要求为同一品种或相似品种，成熟适度、色泽正、新鲜、清洁，无腐烂、畸形、开裂、黄叶、抽薹、异味、灼伤、冷害、冻害、病虫害及机械伤；同规格的样品其整齐度应≥90%；不符合品质要求的按质量计不合格率不得超过5%。营养和卫生指标应符合标准规定要求。

绿色绿叶类蔬菜用于装贮的包装容器如塑料箱、纸箱等应按产品的大小规格设计，同一规格应大小一致，整洁、干燥、牢固、透气、美观、无污染、无异味，内壁无尖突物，无虫蛀、腐烂、霉变等现象，纸箱无受潮、离层现象。塑料包装应符合相关要求。包装上应标明产品名称、产品的标准编号、商标、生产单位名称、详细地址、产地、规格、净含量和包装日期等，标志上的字迹应清晰、完整、准确。包装容器上应有醒目的绿色食品标志。

绿色绿叶类蔬菜运输前进行预冷。运输过程中应注意防冻、防雨淋、防晒，注意通风散热。对于贮藏期间的适宜温度，菠菜0～2℃，莴苣0～1℃，芹菜−2～2℃，茼蒿和蕹菜0～2℃；贮存的适宜湿度为90%～95%。库内堆码应保证气流均匀流通。

(4) 绿色根菜类蔬菜：绿色根菜类蔬菜主要依据NY/T 745—2003《绿色食品 根菜类蔬菜》标准的规定，适用于萝卜、胡萝卜、芜菁、芜菁甘蓝、根芹菜、美洲防风、根菾菜、婆罗门参、牛蒡、黑婆罗门参、山葵和其他新鲜或冷藏的根菜类蔬菜。

绿色根菜类蔬菜的产地环境条件、农药和肥料的使用及栽培管理必须符合绿色食品生产的相关要求。

绿色根菜类蔬菜的感官品质要求为同一品种或相似品种，成熟适度、色泽正、新鲜、清洁，无开裂、糠心、分叉、腐烂、异味、冻害、病虫害及机械伤；同规格的样品其整齐度应≥90%；不符合品质要求的按质量计不合格率不得超过5%。营养和卫生指标应符合标准规定要求。

绿色根菜类蔬菜用于装贮的包装容器如塑料箱、纸箱等应按产品的大小规格设计，同一规格应大小一致，整洁、干燥、牢固、透气、美观、无污染、无异味，内壁无尖突物，无虫蛀、腐烂、霉变等现象，纸箱无受潮、离层现象。塑料包装应符合相关要求。包装上应标明产品名称、产品的标准编号、商标、生产单位名称、详细地址、产地、规格、净含量和包装日期等，标志上的字迹应清晰、完整、准确。包装容器上应有醒目的绿色食品标志。

绿色根菜类蔬菜运输前进行预冷。运输过程中应注意防冻、防雨淋、防晒，注意通风散热。对于贮藏期间的适宜温度，萝卜0～3℃，胡萝卜0℃左右；贮存的适宜湿度，萝卜为90%左右，胡萝卜为95%左右。库内堆码应保证气流均匀流通，不挤压。

(5) 绿色甘蓝类蔬菜：绿色甘蓝类蔬菜主要依据NY/T 746—2003

《绿色食品　甘蓝类蔬菜》标准的规定，适用于结球甘蓝、花椰菜、青花菜、球茎甘蓝、芥蓝、孢子甘蓝和其他新鲜或冷藏的甘蓝类蔬菜。

绿色甘蓝类蔬菜的产地环境条件、农药和肥料的使用及栽培管理必须符合绿色食品生产的相关要求。

绿色甘蓝类蔬菜的感官品质要求为同一品种或相似品种，成熟适度、紧实、色泽正、新鲜、清洁，无腐烂、散花、畸形、抽薹、开裂、异味、灼伤、冻害、病虫害及机械伤；同规格的样品其整齐度应≥90%；不符合品质要求的按质量计不合格率不得超过5%。营养和卫生指标应符合标准规定要求。

绿色甘蓝类蔬菜用于装贮的包装容器如塑料箱、纸箱等，应按产品的大小规格设计，同一规格应大小一致，整洁、干燥、牢固、透气、无污染、无异味，内壁无尖突物，无虫蛀、腐烂、霉变等现象，纸箱无受潮、离层现象。塑料包装应符合相关要求。包装上应标明产品名称、产品的标准编号、商标、生产单位名称、详细地址、产地、规格、净含量和包装日期等，标志上的字迹应清晰、完整、准确。包装容器上应有醒目的绿色食品标志。

绿色甘蓝类蔬菜运输前进行预冷。运输过程中应注意防冻、防雨淋、防晒，注意通风散热。对于贮藏期间的适宜温度，结球甘蓝－0.6～－1℃，花椰菜0～3℃，青花菜0℃左右，芥蓝2～3℃。对于贮存的适宜湿度，结球甘蓝为90%左右，青花菜和芥蓝95%左右，花椰菜90%～95%。库内堆码应保证气流均匀流通。

(6) 绿色芥菜类蔬菜：绿色芥菜类蔬菜主要依据NY/T 1324—2007《绿色食品　芥菜类蔬菜》标准的规定，适用于根芥菜、叶芥菜、茎芥菜、薹芥菜、子芥菜、分蘖芥、抱子芥和其他芥菜类蔬菜。

绿色芥菜类蔬菜的产地环境条件、农药和肥料的使用及栽培管理必须符合绿色食品生产的相关要求。

绿色芥菜类蔬菜的感官品质要求为同一品种或相似品种，具有该品种固有的形状，色泽正常、新鲜、清洁，无腐烂、畸形、冷冻害损伤、病虫害、肉眼可见杂质；以质量或数量计，机械伤不超过5%。营养和卫生指标应符合标准规定要求。

绿色芥菜类蔬菜应按产品的品种、规格分别包装，同一件包装内的产品应摆放整齐紧密。每批产品所用的包装、单位质量应一致。包装上应有绿色食品标志。

绿色芥菜类蔬菜运输前进行预冷。运输过程中应注意防冻、防雨淋、防晒，注意通风散热。贮藏期间的适宜温度为2～4℃，贮存的适宜湿度为90%～95%。库内堆码应保证气流均匀流通。

(7) 绿色多年生蔬菜：绿色多年生蔬菜主要依据NY/T 1326—2007《绿色食品　多年生蔬菜》标准的规定，适用于鲜百合、枸杞尖、石刁柏、辣根、朝鲜蓟、襄荷、食用菊、黄花菜、霸王花、食用大黄、黄秋葵、款冬、蕨菜和其他多年生蔬菜。

绿色多年生蔬菜的产地环境条件、农药和肥料的使用及栽培管理必须符合绿色食品生产的相关要求。

绿色多年生蔬菜的感官品质要求为同一品种或相似品种，具有该品种固有的形状，成熟适度、色泽正常、新鲜、清洁，无腐烂、畸形、冷冻害损伤、病虫害、肉眼可见杂质，无异味；以质量或数量计，机械伤不超过5%。营养和卫生指标应符合标准规定要求。

(8) 绿色水生类蔬菜：绿色水生类蔬菜主要依据NY/T 1405—2007《绿色食品　水生类蔬菜》标准的规定，适用于茭白、慈菇、菱、荸荠、芡实、水蕹菜、豆瓣菜、水芹、莼菜、蒲菜、莲子米、水芋和其他水生类蔬菜。

绿色水生类蔬菜的产地环境条件、农药和肥料的使用及栽培管理必须符合绿色食品生产的相关要求。

绿色水生类蔬菜的感官品质要求为样品大小基本均一；新鲜、清洁，异味、冻害、病虫害、机械伤和腐烂等指标按质量计算的总不合格率不高于5%，其中腐烂、病虫害为严重缺陷，其单项指标不合格率应小于2%。营养和卫生指标应符合标准规定要求。

97. 怎样生产绿色茶叶(绿茶)？

绿色茶叶是指按特定方式生产，经专门机构认定，许可使用绿色食品标志的茶叶。

绿色茶叶的生产主要依据NY/T 288—2002《绿色食品　茶叶》标准的规定，适用于绿茶、红茶、青茶(乌龙茶)、黄茶、白茶、黑茶(紧压茶、砖茶)、花茶和其他代用茶。

绿色茶叶的分级应符合产品实际执行的常规茶类的国家标准、行业标准、地方标准或企业标准的规定。产品应具有各类茶叶的自然品质特征，品质应正常，无劣变、无异味，产品应洁净，不得含有非茶类夹杂物，不着色，不添加任何人工合成的化学物质和香味物质。

绿色茶叶的感官品质应符合本级实物标准样品的品质特征或产品实际执行的常规茶类的国家标准、行业标准、地方标准或企业标准的品质规定。理化品质应符合产品实际执行的常规茶类的国家标准、行业标准、地方标准或企业标准的规定。卫生指标也必须符合相关的规定。

绿色茶叶的包装材料应干燥、清洁、无异味，不影响茶叶品质，包装要牢固、防潮、清洁，能保护茶叶品质，便于装卸、仓储和运输；产品应贮存于清洁、干燥、阴凉、无异味的茶叶仓库。不同类别或不同等级的茶叶应分开贮存。运输工具应清洁、干燥、无异味，运输中应防雨淋、防潮、防暴晒、防污染，严禁与有毒、有害、有异味的货品混装、混运。运输时应稳固、防潮、防雨淋、防暴晒。装卸时应轻装轻卸，防止碰撞。

98. 怎样生产绿色水果?

绿色水果指按照相关标准生产，农药重金属残留和物理、化学指标均符合绿色食品规定，并经专门机构认定，获得绿色食品标志的水果。

(1) 绿色西甜瓜：绿色西甜瓜生产主要依据NY/T 427—2007《绿色食品 西甜瓜》标准的规定，适用于薄皮甜瓜、厚皮甜瓜和西瓜。

绿色西甜瓜生产的产地环境条件应符合NY/T391的要求。生产过程中农药使用应符合NY/T393的要求，肥料使用应符合NY/T394的要求。

绿色西甜瓜在感官上要求成熟适度，果实新鲜，果形端正，无明显果面缺陷(缺陷包括腐烂、霉变、异味、冷害、冻害、裂缝、病虫斑及机械伤)。理化和卫生指标应符合相关规定。

绿色西甜瓜的包装应符合NY/T658的有关规定，包装上应有绿色食品标志。运输和贮存应符合NY/T1056的有关规定，贮存的适宜温度为西瓜10～15℃，厚皮甜瓜3～4℃；贮存的适宜温度为西瓜80%～90%，厚皮甜瓜80%～85%；薄皮甜瓜不耐贮存，应及时采收和销售。

(2) 绿色柑橘：绿色柑橘的生产主要依据NY/T 426—2000《绿色食品 柑橘》标准的规定，适用于宽皮柑橘类、椪柑、甜橙类、柚类和柠檬类。

绿色柑橘生产的产地环境应符合NY/T391的规定。绿色柑橘的感官要求具有该品种特征果形，形状一致。果蒂完整、平齐、无萎蔫现象；全果着色，色泽均匀，具有该品种成熟果实特征色泽；果面鲜洁，无日灼伤、刺伤、虫伤、擦伤、碰压伤、裂口及腐烂现象；果肉脆嫩或柔软，果汁丰直，具有该品种特征颜色，无枯水、粒化现象；风味甘甜或甜酸适度，具有该品种特征香气。一个批次产品中严重缺陷果不超过15%，其中腐烂果不超过1%，一般缺陷果不超过3%。理化和卫生指标应符合相关规定。

绿色柑橘包装箱上应标明产品名称、数量、产地、包装日期、保存期、生产单位、贮存注意事项等内容。字迹应清晰、完整。包装箱上应有绿色食品的标志，具体标注按有关规定执行。标签应按照GB 7718的规定标注绿色食品标志、产品名称、数量、果实横径、产地、包装日期、保存期、生产单位、执行标准代号等内容。包装单果用包果纸。包果材料应清洁，质地细致柔软。果品装箱应排列整齐，内衬垫箱纸，垫箱纸质量与包果纸相同。果箱用瓦楞纸箱，结构应牢固适用，材料须良好、干燥、无霉变、虫蛀、污染。每箱净重不超过20千克。

柑橘易碰伤、腐烂，运输应做到快装、快运、快卸。严禁日晒雨淋，装卸、搬运时要轻拿轻放，严禁乱丢乱掷。运输工具的装运舱应清洁、干燥、无异味，最适温度为6～8℃。水运时应防止水溅入舱中，防止受潮、虫蛀、鼠咬。常温贮存按GB／T10547规定执行。冷库存贮必须经2～3天预冷，达到最终温度，保持库内相对湿度85%～90%。

99. 怎样生产绿色食用菌?

绿色食用菌是指产地环境条件符合绿色食品产地的环境标准要求,按特定方式生产,经专门机构认定,许可使用绿色食品标志的无污染、安全、优质的食用菌。

绿色食用菌生产主要依据NY/T 749—2003《绿色食品 食用菌》标准的规定,适用于双孢蘑菇、滑菇、黄伞、口蘑、榛蘑、榆蘑、香菇、平菇、草菇、乳菇、金针菇、柳钉菇、凤尾菇、白灵菇、杏鲍菇、斑玉蕈、金顶侧耳、鲍鱼侧耳、大杯伞、小白平菇、皱环球盖菇、元蘑、灰树花、大肥蘑、巴西蘑菇、黑木耳、银耳、金耳、地耳、血耳、鸡棕、竹荪、猴头菌、牛肝菌、牛舌菌、羊肚菌、多孔菌、鸡油菌、马鞍菌、灵芝、茯苓、蛹虫草、冬虫夏草、虫草子实体和其他新鲜或干制的食用菌。

绿色食用菌生产的产地环境条件应符合NY/T391的要求。生产过程中农药使用应符合NY/T393的要求,肥料使用应符合NY/T394的要求。

绿色食用菌的感官要求有正常食用菌的固有颜色、大小均匀一致,有正常食用菌特有的香味,无酸、臭、霉等异味,无虫蛀菇(野生食用菌的虫蛀菇≤1%),无霉烂菇,无一般杂质(野生食用菌的杂质≤1%)和有害杂质。干品菇菇形正常、规整,破损菇≤10%(野生食用菌的破损菇≤15%);鲜品菇菇形正常、规整、饱满,破损菇≤5%(野生食用菌的破损菇≤10%)。理化和卫生指标应符合相关规定。

绿色食用菌包装上应明确标明绿色食品标志。包装上的标签应符合GB7718的要求。用于产品包装的容器如箱、筐等应按产品的大小规格设计,同一规格应大小一致,牢固、整洁、干燥、无污染、无异味,内壁无尖突物，无虫蛀、腐烂、霉变等，纸箱无受潮、离层现象。塑料箱应符合NY／T658的要求，并按产品的品种、规格分别包装，同一件包装内的产品应摆放整齐紧密。每批产品所用的包装、单位质量应一致，每件包装净含量不应超过10千克。运输时轻装、轻卸，避免机械损伤。运输工具要清洁、卫生，无污染物、无杂物，防雨淋、防日晒，不可裸露运输，不得与有毒有害物品、鲜活动物混装混运。鲜食用菌应在4～10℃条件下运输(鲜草菇应在14～16℃条件下运输)。干食用菌在避光、阴凉、干燥、洁净处贮存，注意防霉、防虫。鲜食用菌在1～10℃贮存1至数天(视食用菌品种和包装方式而定)，鲜草菇在14～16℃条件下可作1～2天保存。

100．怎样生产绿色畜禽?

绿色畜禽指严格按照畜禽生理学和动物生态学的原理及绿色食品生产操作的有关要求进行管理和生产，化学农药、激素、抗生素等有害人体健康的残留物不超过规定的标准，经专门机构认定，许可使用绿色食品标志的畜禽。

绿色畜禽饲养场地的地势要求高燥、平坦、背风、向阳，牧场场地应高出当地历史上最高的洪水线，地下水位在2米以下。水源充足，水质必须符合规定，最好用深层地下水。此外，还要求地形开阔整齐，交通便利，并与主要交通干线保持安全的距离。在设计建设畜禽舍时，应尽可能创造适宜的温度、湿度、气流、光照以及新鲜清洁空气的环境条件。

在畜禽饲养过程中，要根据不同对象、不同生长发育阶段的营养需要，科学合理地搭配饲料，所用的饲料和饲料添加剂必须符合NY/T 471—2010《绿色食品　畜禽饲料及饲料添加剂使用准则》标准的要求。严格控制各种激素、抗生素、化学防腐剂等有害人体健康的物质进入畜禽产品。凡从事饲料药物添加剂生产、经营活动和使用的，应遵照《饲料药物添加剂使用规范》执行，确保产品质量。

绿色畜禽疫病的预防和治疗必须符合NY/T 1892—2010《绿色食品 畜禽饲养防疫准则》标准的要求，应尽可能采用物理疗法和中医疗法。严格控制在常规条件下使用人工合成的预防性药物，按照NY/T 472—2006《绿色食品 兽药使用准则》的规定，禁止使用有机氯和有机磷杀虫剂，禁止使用致癌、致畸、致突变作用的化学物质，限制使用有机合成抗菌及抗寄生虫的化学药物。

畜禽疫病的预防措施：

一是科学饲养。贯彻"自繁自养"科学管理的原则，不随便从外地引种，减少病原的传入机会；实行科学的饲养管理，保持畜禽有健壮的体质、良好的抗病力和理想的生产性能。

二是预防接种。已知疫病在该地区存在，并且不能用其他方法控制的情况下，对尚未发病的畜禽进行免疫接种，激发动物机体产生特异性的抵抗力，使易感动物转化为非易感动物，从而达到预防的目的。

三是药物预防。在绿色畜禽饲养繁殖中，药物预防应尽可能采用中草药、生物制品和矿物性药物，以增强畜禽自身免疫力为目的，严格控制抗生素、激素及有害化学药品的使用。

四是消毒。在绿色畜禽饲养过程中，尽可能使用物理和生物消毒法，以减少化学药物的投入。

绿色畜禽饲养场地须加强环境保护工作，畜禽粪便应进行无害化处理。废水的排放，应达到国家规定的要求。饲养场周围农区尽可能实行无公害生产。

在绿色畜禽运输前，运输车辆应彻底清洗干净。运输途中要保证良好的通风和环境卫生条件，并根据气候条件和运程长短给动物喂水喂食。在运输前或运输过程中，不得使用化学合成的镇静剂和兴奋剂。屠宰前应接受检验和检查，合格的畜禽必须在绿色食品定点屠宰场屠宰。

101. 怎样生产绿色水产品？

绿色水产品指严格按照绿色食品生产操作的有关要求进行管理和生产，化学物质、激素、抗生素等有害人体健康的残留物不超过规定标准，经专门机构认定，许可使用绿色食品标志的水产品。

(1) NY/T 840—2004《绿色食品　虾》适用于活虾、鲜虾、速冻生虾(包括对虾科、长额虾科、褐虾科和长臂虾科各品种的虾)。冻虾的产品形式可以是冻全虾、去头虾、代尾虾和虾仁。

绿色虾的产地环境要求按 NY/T391的规定执行；捕捞方法应无毒、无污染。

养殖虾应选择健康的亲本，亲本的质量应符合国家或行业有关种质标准的规定，不得使用转基因虾亲本。用水需沉淀、消毒，使整个育苗过程呈封闭性，无病原带入；种菌培育过程中不使用禁用药物；投喂高质量、无污染饵料。种苗出场前，进行检疫消毒。采用健康养殖、生态养殖方式，确定合适的放养密度，防止疾病爆发。选择使用高效、适口性好和稳定性高的优质饲料，饲料和饲料添加剂的使用按NY/T471的规定执行。养殖用药按 NY/T755的规定执行。

绿色虾的感官要求活对虾具有本身固有的色泽和光泽，体态正常，无畸形，活动敏捷，无病态；活罗氏沼虾具有本身固有的淡蓝色的体泽和光泽，无病态，活动敏捷。鲜对虾应色泽正常、无红变，甲壳光泽较好，尾扇不允许有轻微色变，自然斑点不限，卵黄按不同产期呈现自然色泽，不允许在正常冷藏中变色。虾体完整，联接膜可有一处破裂，但破裂处虾肉只能有轻微裂口，不允许有软壳虾，气味正常、无异味，具有对虾的固有鲜味，肉质紧密有弹性，虾体清洁、未混入任何外来杂质，包括触鞭、甲壳、附肢等。理化和微生物学要求应符合相关规定。

绿色虾的每批产品应有绿色食品标志。标签按GB7718的规定执行，标明虾的名称、产地及生产(捕捞)日期等。包装应按NY/T658的规定执行，注明标准号；活虾应有充氧和保活设施，鲜虾应装于无毒、无味、便于冲洗的箱中，确保虾的鲜度及虾体的完好。活虾运输要有保活设施，应做到快装、快运、快卸；鲜虾用冷藏或保温车船运输，保持虾体温度在0～4℃之间。所有虾产品的运输工具应清洗卫生，运输过程中防止日晒、虫害、有害物质的污染和其他损害。

活虾贮存中应保证虾所需氧气充足，鲜虾应贮存于清洁库房，防止虫害和有害物质的污染及其他损害，贮存时保持虾体温度在0～4℃之间。冻虾应贮存在－18℃以下，应满足保持良好品质的条件。

(2) NY/T 841—2004《绿色食品　蟹》适用于包括淡水蟹活品、海水蟹的活品及其冻品。

绿色蟹的产地环境要求按NY/T391的规定执行；捕捞方法应无毒、无污染。

养殖蟹应选择健康的亲本，亲本的质量应符合国家或行业有关种质标准的规定，不得使用转基因蟹亲本。用水需沉淀、消毒，水量充沛，水质清新，无污染，进排水方便，使整个育苗过程呈封闭性，无病原带入；种苗培育过程中不使用禁用药物；并投喂高质量、无污染饵料。种菌出场前，进行检疫消毒。苗种要体态正常、个体健壮、无病无伤。应采用健康养殖、生态养殖方式，确定合适的放养密度，防止疾病爆发。选择使用高效、适口性好和稳定性高的优质饲料，饲料和饲料添加剂的使用按NY/T471的规定执行。

提倡不用药、少用药，用药时所用药物按NY/T755的规定执行。

中华绒螯蟹的感官要求背青色、青灰色、墨绿色、青黑色、青黄色或黄色等固有色泽，腹白色、乳白色、灰白色或淡黄色、灰色、黄色等固有色泽，甲壳坚硬、光洁、头胸甲隆起，一对螯足呈钳状，掌节密生黄色或褐色绒毛，四对步足，前后缘长有金色或棕色绒毛，蟹体动作活动有力、反应敏捷，鳃丝清晰，无异物，无异臭味。理化和微生物学要求应符合相关规定。

绿色蟹的每批产品应有绿色食品标志。标签按GB7718的规定执行，标明产品名称、生产者名称和地址、出厂日期、批号和产品标准号。包装按NY/T658的规定执行，注明标准号；活蟹可将蟹腹部朝下整齐排列于蒲包或网袋中，每包可装蟹10～15千克，蒲包扎紧包口，网袋平放在篓中压紧加盖，贴上标识。运输要求按等级分类，活蟹在低温清洁的环境中装运，保证鲜活。运输工具在装货前应清洗、消毒，做到洁净、无毒、无异味。在运输过程中，防温度剧变、挤压、剧烈振动，不得与有害物质混运，严防运输污染。活体出售，应贮存于洁净的环境中，也可在暂养池暂养，要防止有害物质的污染和损害。

(3) NY/T 842—2004《绿色食品　鱼》适用于活(海水、淡水)鱼、冰鲜(海水、淡水)鱼以及仅去内脏冷冻的初加工(海水、淡水)鱼产品。

绿色鱼的原产地环境质量和生长水域按NY/T391的规定执行。

养殖鱼应选择健康的亲本，亲本的质量应符合国家或行业标准的规定，按相关规定和标准执行，不得使用转基因鱼亲本。育苗用水需沉淀、消毒，使整个育苗过程呈封闭性，无病原带入；应采用自然或物理方式催产及孵化。使用成熟卵及精子并投喂高质量饵料。种苗培育过程中不使用禁用药物。种苗出场前，进行检疫消毒。应采用健康养殖、生态养殖技术，确定合适的放养密度，防止疾病爆发。选择使用高效、适口性好和稳定性高的优质饲料，饲料和饲料添加剂的使用按NY/T471的规定执行。提倡不用药、少用药，用药时所用药物按

NY/T755的规定执行。

活鱼的感官要求为鱼体健康，体态匀称，无鱼病症状；鱼体具有本种鱼固有的色泽和光泽，无异味；鳞片完整、紧密。

鲜鱼的感官要求为海水鱼类鱼体体态匀称无畸形、鱼体完整、无破肚、肛门紧缩；体表呈鲜鱼固有的色泽，花纹清晰；有鳞鱼鳞片紧密，不易脱落，体表黏液透明，无异臭味；鳃丝清晰，呈鲜红色，黏液透明；眼球饱满，角膜清晰；肉质有弹性，切面有光泽、肌纤维清晰；体表与鳃丝具有鲜鱼特有的腥味、无异味；具有鲜海水鱼固有的香味，口感肌肉组织紧密、有弹性，滋味鲜美，气味正常。淡水鱼类鱼体体态匀称无畸形、鱼体完整、无破肚、肛门紧缩或稍有凸出；体表呈鲜鱼固有的色泽，鳞片紧密，体表黏液透明，无异味；鳃丝清晰，呈鲜红或暗红色，仅有少量黏液；眼球饱满，角膜透明；肌肉组织致密、有弹性；体表与鳃丝具有淡水鱼特有气味、无异味；具有鲜淡水鱼固有的香味，口感肌肉组织紧密、有弹性，滋味鲜美，气味正常。理化和微生物学要求应符合相关规定。

绿色鱼的每批产品应有绿色食品标志。标签按GB7718的规定执行，标明鱼的名称(或商品名)、产地及生产(捕捞)日期等。包装应符合NY/T658的要求，活鱼可用帆布桶、活鱼箱、尼龙袋充氧等或采用保活设施；鲜海水鱼应装于无毒、无味、便于冲洗的鱼箱或保温箱中，确保鱼的鲜度及鱼体的完好。在鱼箱中需放足量的碎冰，以保持鱼体温度在0～4℃之间。活鱼运输要有保活设施，应做到快装、快运、快卸；冰鲜鱼用冷藏或保温车船运输，保持鱼体温度在0～4℃之间。运输工具应清洗卫生，运输中防止日晒、虫害、有害物质的污染和其他损害。活鱼应在符合NY/T391规定的水体中暂养；鲜鱼应贮存于清洁库房，防止虫害和有害物质的污染及其他损害，贮存时保持鱼体温度在0～4℃之间。冷冻鱼应贮存在－18℃以下的低温环境下，并防止有害物质的污染及其他损害。

(4) NY/T 1050—2006《绿色食品》适用于龟鳖类活体。

绿色龟鳖的产地环境应符合NY/T391的要求。

养殖龟鳖应选择健康的亲本，亲本的质量应符合SC/T1010的规定。不得使用转基因龟鳖亲本。苗种繁育过程呈封闭性，繁育地应水源充足，水质清新，进、排水方便，进、排水应分开。养殖用水需沉淀和规范消毒。苗种出场前，需经检疫和消毒，苗种应体态正常、个体健康、无病无伤。应采用健康养殖、生态养殖方式，饲料和饲料添加剂的使用应按NY/T471的规定执行。渔药使用时按NY/T755的规定执行。

龟鳖的感官要求为保持活体状态固有体色，无异味，肌肉组织紧密、有弹性。鳖体表完整无损，裙边宽而厚，体质健壮，爬行、游泳动作自如、敏捷，同品种、同规格的鳖，个体均匀、体表清洁；龟体表完整无损，体质健壮，爬行、游泳动作自如、敏捷，同品种、同规格的龟，个体均匀、体表清洁。卫生要求应符合相关规定。

绿色龟鳖的标签按GB7718的规定执行，应标明产品名称、产地、生产单位和地址、出场(厂)日期、批号和产品批准号。应正确标注绿色食品标志。包装应符合NY/T658的要求，活体可用小布袋、麻袋、竹筐、塑料箱和塑料桶等。包装容器应坚固、洁净、无毒和无异味，并具有良好的排水、透气条件，箱内垫充物应清洗、消毒、无污染。活体装运前应停食1~2天。

活体包装，每只应固定隔离，避免相互挤压、撕咬。常用包装方法有：

①小布袋、麻袋包装：取与龟鳖大小相近的小布袋，1只小布袋装1只龟鳖，扎紧袋口，再放入其他容器或布袋中，每袋重约20千克。

②竹筐、木箱和塑料箱包装：装运前，容器底部先垫一层无毒的

新鲜水草，装上一层龟鳖，再铺一层水草，固紧封盖，严防龟鳖逃跑，一般可装3～5层，重约20千克。

③特制箱子，分隔包装：箱子周围有出水孔和透气孔，运输途中应适当淋水，保持龟鳖湿润。在夏季运输时，箱子上方存放冰块降温，降温用冰符合 SC/T9001的规定。

活的龟鳖运输应用冷藏车或其他有降温装置的运输设备。运输工具在装活体前应清洗，并用高锰酸钾溶液消毒，做到洁净、无毒、无异味，严防运输污染。在运输途中，应有专人管理，随时检查运输包装情况，观察温度和水草(垫充物)的湿润程度，一般每隔数小时应淋水一次，以保持龟鳖皮肤湿润。淋水的水质应符合 NY/T391的规定。

活的龟鳖可在洁净、无毒、无异味的水泥池、水族箱等水体中暂养；暂养用水应符合 NY/T391的规定。贮存过程中应轻运轻放，避免挤压和碰撞，并不得脱水；贮运过程中应严防蚊子叮咬、暴晒。

第七章 绿色食品的认证

102. 企业怎样进行绿色食品认证申请?

企业申请人可向中国绿色食品发展中心(以下简称中心)及其所在省(自治区、直辖市)绿色食品办公室(以下简称省绿办)领取《绿色食品标志使用申请书》、《企业及生产情况调查表》及有关资料,或从中心网站(网址:www.greenfood.org.cn)下载。填写完成后向所在省绿色食品办公室递交《绿色食品标志使用申请书》、《企业及生产情况调查表》及规定材料。

103. 申请人的条件有哪些?

申请人必须是企业法人,社会团体、民间组织、政府和行政机构等不可作为绿色食品的申请人。同时,还要求申请人具备以下条件:

(1)具备绿色食品生产的环境条件和技术条件。

(2)生产具备一定规模,具有较完善的质量管理体系和较强的抗风险能力。

(3)加工企业须生产经营一年以上方可受理申请。

(4)有下列情况之一者，不能作为申请人：

①社会团体、民间组织、政府和行政机构。

②与中心和省绿色食品办公室有经济或其他利益关系的。

③可能引致消费者对产品来源产生误解或不信任的，如批发市场、粮库等。

④纯属商业经营的企业(如百货大楼、超市等)。

104．申请认证产品的条件有哪些？

(1)按国家商标类别划分的第5、29、30、31、32、33类中的大多数产品均可申请认证。

(2)以“食”或“健”字登记的新开发产品可以申请认证。

(3)经卫生部公告既是药品也是食品的产品可以申请认证。

(4)暂不受理油炸方便面、叶菜类酱菜(盐渍品)、火腿肠及作用机理不甚清楚的产品(如减肥茶)的申请。

(5)绿色食品拒绝转基因技术。由转基因原料生产(饲养)加工的任何产品均不受理。

105．申报材料有哪些内容？

申请人向所在省绿色食品办公室提出认证申请时，应提交以下文件，每份文件一式两份，一份省绿色食品办公室留存，一份报中心。

(1)《绿色食品标志使用申请书》。

(2)《企业及生产情况调查表》。

(3)保证执行绿色食品标准和规范的声明。

(4)生产操作规程(种植规程、养殖规程、加工规程)。

(5)公司对“基地＋农户”的质量控制体系(包括合同、基地图、基地和农户清单、管理制度)。

(6)产品执行标准。

(7)产品注册商标文本(复印件)。

(8)企业营业执照(复印件)。

(9)企业质量管理手册 。

对于不同类型的申请企业，依据产品质量控制关键点和生产中投入品的使用情况，还应分别提交以下材料：

(1)矿泉水申请企业，提供卫生许可证、采矿许可证及专家评审意见复印件。

(2)对于野生采集的申请企业，提供当地政府为防止过度采摘、水土流失而制定的许可采集管理制度。

(3)对于屠宰企业，提供屠宰许可证复印件。

(4)从国外引进农作物及蔬菜种子的，提供由国外生产商出具的非转基因种子证明文件原件及所用种衣剂种类和有效成分的证明材料。

(5)提供生产中所用农药、商品肥、兽药、消毒剂、渔用药、食品添加剂等投入品的产品标签原件。

(6)生产中使用商品预混料的，提供预混料产品标签原件及生产商生产许可证复印件；使用自产预混料(不对外销售)，且养殖方式为集中饲养的，提供生产许可证复印件；使用自产预混料(不对外销售)，但养殖管理方式为“公司＋农户”的，提供生产许可证复印件、预混料批准文号及审批意见表复印件。

(7)外购绿色食品原料的，提供有效期为一年的购销合同和有效期为三年的供货协议，并提供绿色食品证书复印件及批次购买原料发票复印件。

(8)企业存在同时生产加工主原料相同和加工工艺相同(相近)的同类多系列产品或平行生产(同一产品同时存在绿色食品生产与非绿色食品生产)的，提供从原料基地、收购、加工、包装、贮运、仓储、产品标识等环节的区别管理体系。

(9)原料(饲料)及辅料(包括添加剂)是绿色食品或达到绿色食品产品标准的相关证明材料。

(10)预包装产品，提供产品包装标签设计样。

106. 认证申请材料是怎样受理和文审的?

省绿色食品办公室收到上述申请材料后，进行登记、编号，对申请认证材料进行审查，审查结束向申请人发出《文审意见通知单》。申请认证材料不齐全的，要求申请人收到《文审意见通知单》后的一定时间内提交补充材料。

申请认证材料不合格的，通知申请人本生长周期不再受理其申请。申请认证材料合格的，进行现场检查和产品抽样。

107. 怎样进行现场检查?

省绿色食品办公室应在《文审意见通知单》中明确现场检查计划，并在计划得到申请人确认后委派2名或2名以上检查员进行现场检查。检查员根据规定的有关项目进行逐项检查。检查员根据有关技术规范对申请认证产品的产地环境(根据《绿色食品　产地环境技术条件》)、生产过程投入品使用(根据《绿色食品　农药使用准则》、《绿色食品　肥料使用准则》、《绿色食品　食品添加剂使用准则》、《绿色食品　饲料和饲料添加剂使用准则》、《绿色食品　兽药使用准则》、《绿色食品　渔药使用准则》等生产技术标准)、全程质量控制体系等有关项目进行逐项检查，按照收集或发现的有关记录、事实或信息，填写评估报告。

108．怎样进行环境监测?

绿色食品产地环境质量现状调查由检查员在现场检查时同步完成。经调查确认，产地环境质量符合《绿色食品　产地环境质量现状调查技术规范》规定的免测条件，免做环境监测。

根据《绿色食品　产地环境质量现状调查技术规范》的有关规定，经调查确认，需要进行环境监测的，由省绿色食品办公室委托绿色食品定点环境监测机构对申请认证产品的产地环境(大气、土壤、水)，根据《绿色食品　产地环境技术条件》进行监测，并出具产地环境质量监测报告。

109．怎样进行产品抽样?

现场检查合格，可以安排产品抽样。产品抽样依据《绿色食品　产品抽样技术规范》执行。凡申请人提供了近一年内绿色食品定点产品监测机构出具的产品质量检测报告，并经检查员确认，符合绿色食品产品检测项目和质量要求的，免产品抽样检测。现场检查合格，需要抽样检测的产品安排产品抽样。

当时可以抽到适抽产品的，检查员依据《绿色食品　产品抽样技术规范》进行产品抽样，并填写《绿色食品　产品抽样单》，同时将抽样单抄送中心认证处。

如果当时没有适合抽样产品的，检查员与申请人当场确定抽样计划，同时将抽样计划抄送中心认证处。

现场检查不合格，不安排产品抽样。

110．怎样进行产品检测？

绿色食品定点产品监测机构自收到样品、产品执行标准、《绿色食品　产品抽样单》、检测费后，依据绿色食品各类产品质量标准对抽取样品进行检测并出具绿色食品产品质量检测报告，连同填写的《绿色食品产品检测情况表》，报送中心认证处，同时抄送省绿色食品办公室。

111．怎样颁发绿色食品证书？

企业的申请材料通过中国绿色食品发展中心(以下简称“中心”)认证审核合格，经专家认证评审后，即进入绿色食品证书颁发程序，颁证程序如下：

(1)通知企业办证。由中心标志管理处向企业寄发《办证通知》及《绿色食品标志使用许可合同》(以下简称《合同》)等有关办证的文件资料。

(2)办理领证手续。企业在接到《办证通知》和《合同》（一式三份）后，按照《办证通知》上的要求，在《合同》上签字、盖章，并在3个月内，将《合同》连同设计好的“包装样稿”及《防伪标签订单》等一并返回中心标志管理处，同时将认证费(含申请费、审查许可费、公告费)和第一年标志使用费按照《合同》上确定的数额电汇至中心指定的银行账户，由中心计划财务处核收，并开具发票。

(3)编号制证。标志管理处在收到上述文件后即进行统一编号，为许可使用绿色食品标志的企业和产品编排“企业信息码”和“产品标志编号”，并负责制作《绿色食品证书》（以下简称《证书》）。

(4)签发《证书》。标志管理处完成绿色食品证书制作后，将《证书》和《合同》一并报送中心主任签发。

(5)核发《证书》。标志管理处在核实企业完成办证手续，缴纳有关费用后，于10个工作日内将中心主任签发的《证书》及《合同》（一份)寄送企业或所在地绿色食品办公室(中心)，同时将《证书》（复印件)、《合同》（一份)抄送绿色食品办公室(中心)。

(6)发布公告。根据《绿色食品标志管理公告通报实施办法》的规定，通过有关媒体，中心对获得绿色食品证书的企业和产品予以公告。

第八章 绿色食品的标志

112. 绿色食品的标志图形是怎样的?

当我们到市场上选购食品时，在琳琅满目的商品包装上，会看见有的商品包装上写着中、英文的“绿色食品”几个字，并且还画有一个圆图形。这些标志都是绿白两种颜色相间，标注方式统一规范，人们把它称之为绿色食品标志。

绿色食品标志是由中国绿色食品发展中心在国家工商行政管理总局商标局注册的质量证明商标，受国家商标法的保护。绿色食品标志不仅图形简捷、美观、容易记忆，而且含义丰富深刻，同时图形无论放大还是缩小都很清晰，便于识别，以发挥证明商标的应有作用。绿色食品证明商标的注册范围涵盖了《商标注册用商品和服务国际分类》的九大类别的产品。食品生产企业在其产品包装上使用绿色食品标志必须经中国绿色食品发展中心批准，否则属于商标侵权行为，将受到工商行政管理部门的依法查处，甚至被诉诸人民法院。

绿色食品标志图形由三部分构成：上方的太阳变体、下方的植物叶片和中心的蓓蕾，分别代表了生态环境、植物生长和生命的希望。

整个标志图形构成一个正圆形，意为保护、安全，描绘了一幅明媚阳光照耀下的和谐生机，告诉人们绿色食品是出自纯净、良好生态环境的安全、无污染食品，能给人们带来蓬勃的生命力。绿色食品标志还提醒人们要保护环境和防止污染，通过改善人与环境的关系，创造自然界新的和谐。

绿色食品标志商标是中国绿色食品发展中心在国家工商行政管理总局商标局注册的证明商标。绿色食品商标已在国家商标局注册的有四种形式：即绿色食品“标志图形”商标、中文“绿色食品”四个字商标、英文“Greenfood”（绿色食品）商标和绿色食品“标志图形和中英文组合”商标。

图8—1　绿色食品标志图

凡绿色食品产品的包装上都同时印有绿色食品商标标志图形、“绿色食品”文字和编号，其中A级绿色食品的标志底色为绿色，标志和标准字体为白色；AA级绿色食品的标志底色为白色，标志和标准字体为绿色。除包装标签上的印制内容外，尚贴有中国绿色食品发展中心的统一防伪标签，该标签上的编号应与产品包装标签的编号一致。

113. 绿色食品标志上的字母和数字指什么？

绿色食品标志、文字和使用标志的企业信息码，组成整体的绿色食品标志系列图形。该系列图形应严格按规范设计，出现在产品包装(标签)的醒目位置，通常置于最上方，和整个包装(标签)保持一定的比例关系，不得透叠其他色彩图形。企业信息码应以该企业获得的标志许可使用证书为准，其后附“经中国绿色食品发展中心许可使用绿色食品标志”的说明，并须与标志图形出现在同一视野。

绿色食品标志供标志使用单位、广告设计和制作单位等使用。详细使用方法参见中国绿色食品发展中心《中国绿色食品商标标志设计使用规范手册》。任何未经中国绿色食品发展中心许可使用，绿色食品的企业、个人和产品不得擅自使用该标签。

企业信息码的编码形式为GF××××××××××××。GF是绿色食品英文“Green Food”头一个字母的缩写组合，后面为12位阿拉伯数字，其中1到6位为地区代码(按行政区划编制到县级)，7到8位为企业获证年份，9到12位为当年获证企业序号。

114. 绿色食品标志与普通商标有什么不同?

绿色食品标志由于其性质属于证明商标，因此与普通商标有许多不同之处。

首先，普通商标的注册人可以是需要使用该商标的自然人、企业，或者其他组织；而证明商标的注册人必须是对于所证明的商品或者服务的品质及其特点具有检测和监督能力的组织。个人不得注册证明商标。

其次，商标主管机关在审查普通商标申请人的主体资格时，只审查其是否真实合法，并不审查其能力；而对于绿色食品标志等证明商标申请人主体资格的真实与合法性，以及其是否具有相应的检测和监督能力，却要进行严格的审查。审查内容包括：

一是申请人的主体资格证明文件，也就是审查其是否是合法的有关组织并具有相应的公信力。

二是申请人的检测与监督能力，即审查其是否自身具有或者委托相应的检测机构能够进行长期有效的科学监测。

三是申请人报送的《证明商标使用管理规则》等文件，其中包括使用该证明商标的宗旨、被证明的商品(或服务)的特定品质、使用证明商标的条件、应办理的手续、证明商标使用人的权利义务及违反该规则应承担的责任等。对这些条件的严格审查，为的是确保证明商标注册人具有相应的检测、监督与控制能力。

再者，普通商标的注册人注册商标主要是自身使用；而证明商标的注册人自身不得使用该商标，并且不得以该证明商标作为牟利的经营手段。这项规定为的是确保证明商标注册人的客观公正，坚守其作为该证明商标有关事业的推动者和证明商标使用监督管理者的角色。

最后，普通商标的注册人可以自由选择被许可使用商标的对象，许可他人使用其商标，也可以自主拒绝他人使用该商标；而证明商标的使用条件是明确公开的，有关企业可以自愿向证明商标注册人提出使用该证明商标的申请，对于未达到证明商标使用条件的企业，证明商标注册人固然不能允许其使用该商标，对于达到并符合该证明商标使用条件并与注册人履行规定手续的，证明商标注册人不得拒绝其使用。

115．绿色食品商标作为证明商标有哪些特点?

绿色食品商标作为证明商标的特点主要有：

一是绿色食品商标的专用权只有经中国绿色食品发展中心许可，企业才能在自己的产品上使用绿色食品商标标志。

二是绿色食品商标的限定性。只有绿色食品商标注册的四种商标形式受法律保护，并只能在注册的九大类(标志图形为六大类)商品上使用。

三是绿色食品商标的地域性。只有在已注册的国家和地区(如中国内地、日本、中国香港等)受到保护。

四是绿色食品商标的时效性。有效期10年，期满须申请续展注册。

五是绿色食品商标的注册人“中国绿色食品发展中心”，只有商标的许可权和转让权，没有商标的使用权。

116. 怎样使用绿色食品标志?

绿色食品标志作为一种证明商标，使用许可制度是其标志管理的核心内容。通过许可人(即标志注册人“中国绿色食品发展中心”)和被许可人(即申请使用绿色食品标志的食品生产企业)签订商标使用许可合同，使中国绿色食品发展中心和众多食品生产企业缔结一种责任关系。

第一，申请人必须自觉自愿申请使用标志，而不是被动地服从别人的命令或不得已应付某种局面。

第二，申请人必须具有完全民事责任能力，能够对自己的生产、经营行为负责，由此才具备签署标志使用许可合同的资格。

第三，申请人必须是食品生产者，因为绿色食品标志商标的受体是食品，离开了食品，它便无法证明任何关于食品的品质或其他内容。

当单位或个人需要使用绿色食品标志时，申请人应向省级绿色食品管理办公室提出申请并提供绿色食品标志使用申请书、企业及生产情况调查表以及农作物种植规程、生产操作规程、企业标准、全面质量管理手册、工商营业执照、产品注册商标文本复印件及省级以上食品质量监测部门出具的当年食品检验报告原件等资料。

省级绿色食品办公室受理申请后，委托环境检测单位对申请企业进行环境检测，完成初审。初审合格的，报送中国绿色食品发展中心审核，由中心通知企业，接受指定的绿色食品检测机构对其产品进行质量、卫生检测；同时，企业须按《绿色食品标准设计手册》要求，将带有绿色食品标志的包装方案报中国绿色食品发展中心审核；该中心对申请企业及产品进行终审后，与符合绿色食品标准的产品生产企业签订《绿色食品标志使用协议书》，并按规定收取费用，然后向企业颁发绿色食品标志使用证书，并向社会发布公告。

117. 绿色食品标志的管理者部门是哪个单位?

中国绿色食品发展中心负责全国绿色食品标志使用申请的审查、颁证和颁证后的跟踪检查工作。省级人民政府农业行政主管部门所属绿色食品工作机构(绿办)负责本行政区域绿色食品标志使用申请的受理、初审和颁证后跟踪检查工作。县级以上地方人民政府农业行政主管部门应当鼓励和扶持绿色食品生产，将其纳入本地农业和农村经济发展规划，支持绿色食品生产基地建设。

118. 申请使用绿色食品标志的生产单位应当具备哪些条件?

申请使用绿色食品标志的生产单位(以下简称申请人)，应当具备下列条件：

(1)能够独立承担民事责任。

(2)具有绿色食品生产的环境条件和生产技术。

(3)具有完善的质量管理和质量保证体系。

(4)具有与生产规模相适应的生产技术人员和质量控制人员。

(5)具有稳定的生产基地。

(6)申请前三年内无质量安全事故和不良诚信记录。

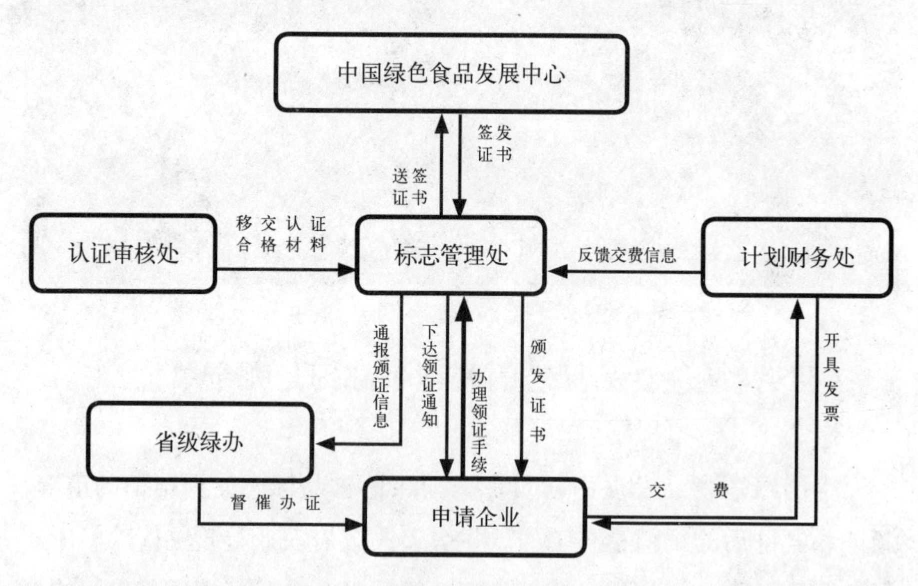

图8-2 绿色食品标志申请程序图

119．申请使用绿色食品标志的产品应符合什么条件?

申请使用绿色食品标志的产品，应当符合《中华人民共和国食品安全法》和《中华人民共和国农产品质量安全法》等法律法规规定，在国家工商总局商标局核定的范围内，并具备下列条件：

(1)产品或产品原料产地环境符合绿色食品产地环境质量标准。

(2)农药、肥料、饲料、兽药等投入品使用符合绿色食品投入品使用准则。

(3)产品质量符合绿色食品产品质量标准。

(4)包装贮运符合绿色食品包装贮运标准。

120．怎样申请绿色食品标志的使用权?

申请人应当向省级绿色食品工作机构提出申请，并提交下列材料：

(1)标志使用申请书。

(2)资质证明材料。

(3)产品生产技术规程和质量控制规范。

(4)预包装产品包装标签或其设计样张。

(5)中国绿色食品发展中心规定提交的其他证明材料。

121．怎样进行现场检查和抽样?

省绿色食品办公室在收到申请之日起10个工作日内完成材料审查。符合要求的，予以受理，并在产品及产品原料生产期内组织有资质的检查员完成现场检查；不符合要求的，不予受理，书面通知申请人并

告知理由。

现场检查合格的，省绿色食品办公室应当书面通知申请人，由申请人委托符合规定的检测机构对申请产品和相应的产地环境进行检测；现场检查不合格的，省绿色食品办公室应当退回申请并书面告知理由。

检测机构接受申请人委托后，应当及时安排现场抽样，并自产品样品抽样之日起20个工作日内、环境样品抽样之日起30个工作日内完成检测工作，出具产品质量检验报告和产地环境监测报告，提交省绿色食品办公室和申请人。

122. 检查抽样后多少时间能知道结果？

省绿色食品办公室在收到产品检验报告和产地环境监测报告之日起20个工作日内提出初步审核意见。初审合格的，将初审意见及相关材料报送中国绿色食品发展中心。初审不合格的，退回申请并书面告知理由。

中国绿色食品发展中心应当自收到省绿色食品办公室报送的申请材料之日起30个工作日内完成书面审查，并在20个工作日内组织专家评审。必要时，应当进行现场核查。

中国绿色食品发展中心应当根据专家评审的意见，在5个工作日内作出是否颁证的决定。同意颁证的，与申请人签订绿色食品标志使用合同，颁发绿色食品标志使用证书，并公告；不同意颁证的，书面通知申请人并告知理由。

123．绿色食品标志使用证书有哪些要求？

绿色食品标志使用证书是申请人合法使用绿色食品标志的凭证，应当载明准许使用的产品名称、商标名称、获证单位及其信息编码、核准产量、产品编号、标志使用有效期、颁证机构等内容。

绿色食品标志使用证书分中文、英文版本，具有同等效力。

124．绿色食品标志使用证书有效期有几年？

绿色食品标志使用证书有效期3年。证书有效期满，需要继续使用绿色食品标志的，标志使用人应当在有效期满3个月前向省绿色食品办公室书面提出续展申请。省绿色食品办公室应当在40个工作日内组织完成相关检查、检测及材料审核。初审合格的，由

中国绿色食品发展中心在10个工作日内作出是否准予续展的决定。准予续展的，与标志使用人续签绿色食品标志使用合同，颁发新的绿色食品标志使用证书并公告；不予续展的，书面通知标志使用人并告知理由。

标志使用人逾期未提出续展申请，或者申请续展未获通过的，不得继续使用绿色食品标志。

125．绿色食品标志使用人有哪些权利和义务？

绿色食品标志使用人在证书有效期内享有下列权利：

(1)在获证产品及其包装、标签、说明书上使用绿色食品标志。

(2)在获证产品的广告宣传、展览展销等市场营销活动中使用绿色食品标志。

(3)在农产品生产基地建设、农业标准化生产、产业化经营、农产品市场营销等方面优先享受相关扶持政策。

绿色食品标志使用人在证书有效期内应当履行下列义务：

(1)严格执行绿色食品标准，保持绿色食品产地环境和产品质量稳定可靠。

(2)遵守标志使用合同及相关规定，规范使用绿色食品标志。

(3)积极配合县级以上人民政府农业行政主管部门的监督检查及其所属绿色食品工作机构的跟踪检查。

126．什么情况下会被收回标志使用权？

绿色食品标志使用人有下列情形之一的，由中国绿色食品发展中心取消其标志使用权，收回标志使用证书，并予公告：

(1)生产环境不符合绿色食品环境质量标准的。

(2)产品质量不符合绿色食品产品质量标准的。

(3)年度检查不合格的。

(4)未遵守标志使用合同约定的。

(5)违反规定使用标志和证书的。

(6)以欺骗、贿赂等不正当手段取得标志使用权的。

标志使用人依照前款规定被取消标志使用权的，3年内中国绿色食品发展中心不再受理其申请；情节严重的，永久不再受理其申请。

127. 哪些产品可以申请使用绿色食品标志？

由于绿色食品已经国家工商局批准注册，按商标法有关规定，具备条件可申请使用绿色食品标志的产品有以下五类：

一是肉、非活的家禽、野味、肉汁、水产品、罐头食品、腌渍、干制水果及制品、腌制、干制蔬菜、蛋品、奶及乳制品、食用油脂、色拉、食用果胶、加工过的坚果、菌类干制品、食物蛋白。

二是咖啡、咖啡代用品、可可、茶及茶叶代用品、糖、糖果、南糖、蜂蜜、糖浆及非医用营养食品、面包、糕点、代乳制品、方便食品、面粉等五谷杂粮、面制品、膨化食品、豆制品、食用淀粉及其制品、饮用冰、冰制品、食盐、酱油、醋、芥末、味精、沙司等调味品、酵母、食用香精、香料、家用嫩肉剂等。

三是未加工的林业产品、未加工的谷物及农产品、花卉、园艺产品、草木、活生物、未加工的水果及干新鲜蔬菜、种籽、动物饲料等。

四是啤酒、不含酒精饮料、糖浆及其他供饮料用的制剂。

五是含酒精的饮料(除啤酒外)。

随着绿色食品事业的不断发展，绿色食品的开发领域逐步拓宽，不仅会有更多的食品类产品被划入绿色食品标志的涵盖范围，同时，为体现绿色食品全程质量控制的思想，一些用于食品类的生产资料，如肥料、农药、食品添加剂以及商店、餐厅也将划入绿色食品的专用范围而被许可申请使用绿色食品标志。目前中国绿色食品发展中心已向国家商标局提出正式拓宽注册范围的申请。

128. 绿色食品标志与消费者利益有什么关系?

绿色食品标志是我国第一个证明商标。它的创立、使用与保护，开创了我国证明商标的先河，对于我国商标法制的完善和商标法律作用的有效发挥起到了十分积极的作用。

通过绿色食品标志的创立、运用与保护，历经近20年的努力，绿色食品已经发展成为十分兴旺发达的产业。绿色食品标志不仅为农民致富铺设了一条通途，为科、农、工、商合作编织了一条纽带，而且为消费者识别无污染的安全、优质、营养类食品增添了一双慧眼和保护伞，既利国又利民，既利于当前，更利于长远。消费者不但要很好地利用绿色食品标志选购商品，而且也要关心绿色食品标志的保护，对于违反绿色食品标志使用规定，特别是侵犯绿色食品商标专用权的行为，一旦发现，即应当向绿色食品发展中心，或者向工商行政管理机关举报，使之受到依法查处。我们应当认识到，保护绿色食品标志既是维护消费者的当前利益也是维护消费者长远利益的体现。

第九章　绿色食品加工、贮藏和运输

129. 发展绿色食品加工业有什么意义？

绿色食品加工就是利用绿色农、畜等产品为原料，所进行的食品加工过程。动植物初级产品虽然有些可被人们直接食用，但其中大部

分都须经过加工处理后才能食用或提高其利用价值。发展绿色食品加工业直接关系到农畜产品资源的充分利用和增值，是实现农业增效、农民增收的有效途径，对改善城乡人民食物营养结构，促进我国食品工业的发展具有重要意义。首先，发展绿色食品加工业是提高农畜产品资源利用率及经济效益的重要途径；其次，发展绿色食品加工业是改善城乡人民食物营养结构的客观要求；最后，绿色食品加工业必将促进我国食品工业的发展。

绿色食品加工业是我国今后食品工业发展的重点领域，已有许多食品加工企业开始进入绿色食品行业。由于绿色食品加工产品对生产的标准化要求很高，使用的设备先进，管理水平较高，产品质量好，品质有保证，因此，通过发展绿色食品加工业又可大大促进食品工业的发展。

130. 绿色食品加工有什么要求?

绿色食品加工时应本着节约能源和物质再循环利用的原则，注意产品加工的综合利用。以苹果为例，用苹果制果汁，制汁后的剩余皮渣采用固态发酵生产乙醇，余渣通过微生物发酵生产柠檬酸，再从剩下的发酵物中提取纤维素，生产粉状苹果纤维食品，作为固态食品中非营养性填充物。剩下的废物经厌气性细菌分解产生沼气。绿色食品加工既提高了经济效益，又可减少加工中副产品的产生。

绿色食品加工应能保存食品的天然营养特性，必须采取一系列特殊加工工艺，防止或尽量减少加工中营养物质的流失、氧化、降解，最大限度地保留其营养价值。

在食品加工过程中，原料的污染、不良的卫生状况、有害的洗涤液、添加剂的使用、机械设备材料的污染和生产人员的操作不当等都有可能造成最终产品的污染。因此，在食品加工过程中，所需原、辅料必须是经过中国绿色食品发展中心认证的绿色食品；加工区环境卫生和加工用水必须符合有机食品的生产要求，加工所用的设备及包装材料都要具备安全无污染、对人体无害；工艺必须科学合理；生产人员有较强的责任心，系统掌握绿色食品生产知识，在操作中避免人为的污染，以保证食品安全。

绿色食品加工企业在生产中须考虑对环境的影响，应避免对环境造成污染。畜禽加工厂要远离居民区并有“三废”净化处理装置，加工企业对加工后产生的废水、废气、废渣等都须经过无害化处理，既对生产产品也对外界环境负责。

131．绿色食品加工生产操作规程的主要内容是什么？

绿色食品加工品的生产操作规程的主要内容是：

(1)加工区环境卫生必须达到绿色食品生产要求。

(2)加工用水必须符合绿色食品加工用水水质标准。

(3)加工原料主要来源于绿色食品产地。

(4)加工所用的设备及产品原材料的选用，都要具备安全无污染条件。

(5)在食品加工过程中，食品添加剂的使用必须符合NY/T 392—2000《绿色食品　食品添加剂使用准则》标准的要求。

132．绿色食品加工对管理体系有哪些要求？

加工企业应具有完善的管理系统，要借鉴发达国家的经验，从原料开始对各个生产环节实行监控，有完善的生产规程、健全的规章制度。有条件的企业还应争取通过ISO14000环境管理体系认证。

绿色食品加工企业必须具有完整的生产记录，以便于质量控制和追踪管理。企业编制绿色食品加工的生产记录应包括下列内容：原料来源(外购物资)：包括供货单位名称、地址、绿色食品产品编号、进货日期、产品种类和数量、原料批号及标签(生产日期及储存方法等)；加工过程：包括加工产品数量(生产数量)、加工损耗数量、加工原料配比、生产情况及生产批量、批号、仓储等。销售记录：包括买主单位名称、地址、是否做绿色食品原料或出口、专柜销售等，卖出产品的数量、批号、代码等内容。

133. 绿色食品加工对场地有什么要求?

一般要求厂址远离重工业区，必须在重工业区选址时，要根据污染范围设500～1000米防护林带。在居民区选址时，25米内不得有排放尘、毒作业场所及暴露的垃圾堆、坑或露天厕所，500米内不得有粪场和传染病医院，厂址还应根据常年主导风向选在污染源的上风向。

一些食品企业排放的污水、污物可能带有致病菌或化学污染，因此屠宰厂、禽类加工厂等加工企业一般远离居民区。其间隔距离可根据企业性质、规模大小按工业企业设计卫生标准的规定执行，最好在1000米以上。其位置应于居民区主导风向的下风向和饮用水水源的下游，同时具备“三废”净化处理装置。

绿色食品加工场地地势应高燥，水质良好并符合国家饮用水标准，土壤清洁，绿化条件好，交通方便等。

134．绿色食品加工对建筑设计有哪些要求？

车间组成及布局要求所需的原料处理、加工、包装、贮存场所及配套用房，要根据生产工艺顺序，按原料、半成品到成品保持连续性，避免原料和成品、清洁食品和污物交叉污染。锅炉房应建在生产车间的下风向，厕所应为便冲式且远离生产车间。

135．绿色食品加工对卫生设备有哪些要求？

食品车间必须具备以下卫生设备：

(1)有通风换气设备，保证空气新鲜。

(2)有足够的照明设备，自然照明要求采光门窗与地面比例为1：5，人工照明强度一般为50勒克斯。

(3)有防尘、防蝇、防鼠设备，车间门窗要严密。

(4)有卫生通过设备，工人上班前在生产卫生室内完成个人卫生处理后再进入生产车间。

(5)有与加工产品数量、品种相适应的工具、容器洗刷消毒间，并有浸泡、刷剔、冲洗、消毒的设备。

(6)有污水、垃圾和废弃物排放处理设备，下水管直径不小于10厘米。

(7)地面由耐水、耐热、耐腐蚀的材料铺成，并设有排水沟，墙面用浅色、不渗水、不吸水的材料，使墙壁平整光滑，并在离地2米以下部分铺砌白色瓷砖，以便于清洗。

一般来讲，不锈钢、尼龙、玻璃、食品加工专用塑料等材料制成的设备都可用于绿色食品加工。在选择设备时，应首先考虑选用不锈钢材料的设备，在一些常温、常压和pH值中性条件下使用的器皿、管道、阀门等，可采用玻璃、铝制品、聚乙烯或其他无毒的塑料制品代替。加工设备的轴承、枢纽部分所用的润滑油部位应实行全封闭，并尽可能使用食用油润滑。所有设备应尽量做到专用，不能专用时应在批量加工绿色食品后再加工常规食品，加工后对设备进行必要的清洗。

136. 绿色食品加工对人员有哪些要求?

绿色食品生产者每年至少进行一次健康体检，接触食品的生产者必须体检合格才能从事该项工作。绿色食品生产人员及管理人员必须经过相应知识的系统培训，对绿色食品标准和操作规范有一定的理解和掌握，才能从事绿色食品加工生产。

137. 绿色食品加工对加工原料有哪些要求?

绿色食品加工的原料应有明确的产地、生产企业或供应商的情况，主要原料成分都应是已经认证的绿色食品，最好有自己固定的原料基地，选用的辅料，如食盐等应有固定的供应渠道，并应出具按绿色食品标准检验的权威性检验报告。非主要原料若尚无已认证的产品，则可以使用经中国绿色食品发展中心批准、有固定来源并已经检验的原料。

绿色食品加工原料首先应具备适合人食用的食品级质量，不能对人的健康有任何危害；其次，因加工工艺的要求以及最终产品的不同，各类食品对其原料的具体质量、技术指标要求也不同，但都应以生产出的食品具有最好的品质为原则。只有选择适合加工工艺的品质的原料，才能保证绿色食品加工产品的质量。严禁用辐射、微波等方法将不宜食用的原料转化成可食用的食物作为加工原料。

在绿色食品加工中采用多种原料混合时，应在食品标签中明确标明该混合物中各成分的确切含量(用百分比含量)，并按成分不同而采用下列命名方式：

(1)加工品(混合成分)中最高标准的成分占50%以上时，可命名为由不同标准认证的成分混合成的混合物。

(2)若该混合成分中最高级成分含量不足50%时，则该混合物不能称为混合成分，而要按含量高的低级标准成分命名。

138. 绿色食品加工对食品添加剂有什么要求？

食品添加剂按不同来源可分成两大类：

一是从动、植物体组织细胞中提取的天然物质，一般认为其食用比较安全。

二是由人工化学合成的物质。

绿色食品加工中添加剂和加工助剂的使用应遵循以下原则：

(1)如果不使用添加剂或加工助剂就不能生产出类似的产品时可以考虑使用。

(2) A级绿色食品允许使用“A级绿色食品生产资料”中规定的食品添加剂类产品和部分化学合成食品添加剂。

(3)所用食品添加剂的产品质量必须符合相应的国家标准或行业标准，使用量应符合食品添加剂使用和食品营养强化剂使用的规定。

(4)不得对消费者隐瞒绿色食品中所用食品添加剂的性质、成分和使用量。

(5)若加工中必须使用抗氧化剂、防腐剂、色素、香精等添加剂时，应尽量使用天然添加剂，严禁使用对人体健康有慢性毒性或致癌、致畸、致突变作用的添加剂。

绿色食品标准依据食品安全要求，在国家允许使用的品种中还禁用以下三类：

(1)人体内不易降解，会造成积累，如作为甜味剂的糖精、甜蜜素，作为防腐剂的苯甲酸钠等；

(2)对人体有害或害处尚有争议的，如生产肉制品的硝酸盐和亚硝酸盐；

(3)仅为改善感官而添加的，如面粉增白剂过氧化苯甲酰、糖类的二氧化钛以及其他食品中的化学合成色素等。

以上三类，国家标准规定了使用限量，在现有科技水平上认为是安全的。但绿色食品基于可由确认无害的或危害更小的同类添加剂代替，而加以禁用，如糖精、甜蜜素可用蔗糖代替，或无需改观感官，如不加过氧化苯甲酰、二氧化钛和化学合成色素等。

139. 绿色食品对加工工艺有哪些要求?

绿色食品加工工艺应采用食品加工的先进工艺，只有先进、科学、合理的工艺，才能最大限度地保留食品的自然属性及营养成分，并避免食品在加工过程中受到二次污染。在绿色食品加工中要求能较多地(或最大限度地)保持其原有的营养成分和色、香、味。因此，绿色食品加工必须针对自身特点，采用适合的新技术、新工艺，提高绿色食品产品品质及加工率。绿色食品加工中可采用的先进技术主要有：

(1)生物技术。包括酶工程、发酵工程。

(2)膜分离技术。包括反渗透技术、超滤技术、电渗析技术。

(3)工程食品。

(4)冷冻干燥。

(5)超临界提取技术。其他还有挤压膨化、无菌包装、低温浓缩等技术也都可以在绿色食品加工中应用。

140. 绿色食品对包装有哪些要求?

在开发绿色食品包装时，必须满足食品在储存和流通中有良好的保护作用，同时必须考虑环境保护问题，包装产品从原料、加工、使用、回收和废弃的整个过程中都应符合环境保护的要求。因此，绿色食品包装除符合常规食品包装的较长的食品保质期、少损失营养及风味、低成本、贮运安全、无二次污染和能增加美感等基本要求外，还须符合以下要求：

一是包装材料的选择应具有安全性、可降解性和可重复利用性。包装材料本身要无毒，不会释放有毒物质，不会造成食品污染和影响人的身体健康。在食品消费以后，剩余包装物容易降解，不会对环境造成污染；或绿色食品产品消费后的剩余包装材料可以重复利用，既可节约资源，又可减少垃圾的产生。

二是在绿色食品包装过程中要有良好的环境条件，确保卫生安全；所用的包装设备性能良好，不会对产品质量有影响；包装过程中不会对人身健康有害，不对环境造成污染。

141. 绿色食品对标签有什么要求?

食品标签是预包装食品容器上的文字、图形、符号以及一切说明物。任何商品都有标签，借以显示和说明商品的特性和性能，向消费者传递信息，唤起其购买欲望。食品标签根据《食品标签通用标准》的规定，在设计制作食品标签时必须遵守四条基本原则：

一是食品标签的所有内容，不得以错误的、引起误解的或欺骗性方式描述或介绍食品。

二是食品标签的所有内容，不得以直接或间接暗示性语言、图形、符号，导致消费者将食品或食品的某一性质与另一产品混淆。

三是食品标签的所有内容，必须符合国家法律、法规和相应产品标准的规定。

四是食品标签的所有内容必须通俗易懂、准确、科学。

食品标签上必须标注以下基本内容：

(1)食品名称。

(2)配料表。

(3)净含量及固形物含量。

(4)制造者或经销者的名称和地址。

(5)日期标志(生产日期、保质期或保存期)和贮藏指南。

(6)产品类型。

(7)质量(品质等级)。

(8)产品标准号。

(9)特殊标注内容。

绿色食品产品包装，除符合食品包装的基本要求外，还应符合《中国绿色食品商标标志设计使用规范手册》的要求。获得绿色食品标志使用权的单位，必须将绿色食品标志用于产品的内外包装，对绿色食品标志的标准图形、标准字体、图形与字体的规范组合、标准色、广告用语及编号规范必须符合《中国绿色食品商标标志设计使用规范手册》的规定。

142．绿色食品怎样使用防伪标签？

为了规范绿色食品的统一形象，保护绿色食品生产企业的利益，帮助消费者识别真伪，中国绿色食品发展中心根据绿色食品标志管理办法及国家有关法规精神，要求绿色食品标志产品加贴绿色食品标志防伪标签，以对每个使用绿色食品标志的产品及整个绿色食品形象起到“双层”保护作用。绿色食品标志防伪标签采用了以造币技术中的网纹技术为核心的综合防伪技术。该防伪标签为纸制，便于粘贴。标签用绿色食品指定颜色，印有标志及产品编号，背景为各国货币通用的细密实线条纹图案，有采用荧光防伪技术的前中国绿色食品发展中心主任刘连馥的亲笔签名字样。

该防伪标签还具有专用性，因标签上印有产品编号，所以每种标签只能用于一种产品上。中国绿色食品发展中心发挥了全国绿色食品的规模优势，大大降低了印制标签的成本，防伪标签价格十分合理。

防伪标签具有多种规格类型，为满足不同包装的需要，分为圆形，直径为15毫米、20毫米、25毫米、30毫米不等；长方形，52毫米 ×126毫米或按比例变化的任意规格。

(1)绿色食品标志防伪标签的作用。绿色食品防伪标签具有保护作用和监督作用。防伪标签是绿色食品产品包装上必备的特征，既可防止企业非法使用绿色食品标志，也便于消费者识别，利用标签先进的防伪性能，避免市场中出现假冒商品。另外，中国绿色食品发展中心还利用发放防伪标签的数量，控制企业生产产量，避免企业取得标志使用权后，扩大产品使用范围及产量。

(2)绿色食品标志防伪标签的管理。

①为了降低成本、严格管理，绿色食品标志防伪标签由中国绿色食品发展中心统一委托定点专业生产单位印刷。企业不得自行生产或从其他渠道获取防伪标签，也不可直接向中心委托的防伪标签生产企业订货。

②各企业根据其绿色食品生产计划及产品包装规格的需要，填写《绿色食品标志防伪标签需求计划表》，于需要使用前两个月报中心，中国绿色食品发展中心根据企业申报时的产量掌握一年内防伪标签的发放总量。

企业在报表的同时，应向中国绿色食品发展中心交付印标费用。中心将生产任务通知单下达到防伪标签生产企业，并按企业需求时间发货。各企业收到货物应及时检验，若标签有质量或数量问题，须立即与绿色食品发展中心联系。

(3)绿色食品标志防伪标签的使用。

①许可使用绿色食品标志的产品必须加贴绿色食品标志防伪标签。

②每种产品只能使用对应的防伪标签(印有该产品的编号)。

③防伪标签应贴于食品标签或包装正面显著位置，不能掩盖原有绿标、编号等绿色食品整体形象。防伪标签粘贴位置应固定，不能随意变化。

143. 绿色食品对贮藏有什么要求?

绿色食品的贮藏，应根据各类食品的贮藏性能和各种贮藏技术机理、生产可行性、卫生安全性、食品在贮藏过程中的质量变化及影响因素等，选用适当的贮藏方法和较好的贮藏技术。通过科学的管理，最大限度地保持食品的原有品质，降低损耗，节省费用，不造成二次污染，更好地满足人们对绿色食品的需求。因此，绿色食品产品在贮藏过程中应遵循以下原则和要求：

(1)贮藏环境必须洁净卫生，不会对绿色食品产品引入污染。

(2)选择的贮藏方法不会使绿色食品品质发生变化。

(3)在贮藏中，绿色食品产品不能与非绿色食品混堆贮存。

常用贮藏技术有低温贮藏(又分冷却贮藏、冷冻贮藏、半冻结贮藏和冷凉贮藏)、气调贮藏、辐射贮藏、化学贮藏、干燥贮藏、腌渍和烟熏贮藏及密封加热贮藏等。

144. 绿色食品对运输有什么要求?

绿色食品的运输除要符合国家对食品运输的有关要求外，还要遵循以下原则和要求：

(1)绿色食品的运输，必须根据产品的类别、特点、包装、贮藏要求、运输距离及不同季节等采用不同的手段。

(2)绿色食品在装运过程中，所用工具(容器及运输设备)必须洁净卫生，不能对绿色食品引入污染。

(3)绿色食品禁止和农药、化肥及其他化学制品等一起运输。

(4)在运输过程中，绿色食品不能与非绿色食品混堆，一起运输。

第十章　绿色食品的监管

145．绿色食品监管的依据是什么？

绿色食品监管依据的主要法律有《中华人民共和国农产品质量安全法》、《中华人民共和国食品安全法》、《中华人民共和国商标法》及《中华人民共和国农业法》等。

(1)《中华人民共和国商标法》及其配套法规。

1996年，绿色食品标志作为我国第一例质量证明商标，在国家工商行政管理局注册成功。经国家工商行政管理局核准注册的绿色食品质量证明商标共四种形式，分别为绿色食品标志商标、绿色食品中文文字商标、绿色食品英文文字商标及绿色食品标志、文字组合商标，这一质量证明商标受《中华人民共和国商标法》及相关法规保护。

《中华人民共和国商标法》于1982年颁布实施，1993年第一次修正，2001年第二次修正，并于当年9月15日起施行。其中第三条明确规定："经商标局核准注册的商标为注册商标，包括商品商标、服务商标和集体商标、证明商标；商标注册人享有商标专有权，受法律保护。"第四十八条规定："冒充注册商标的，由地方工商行政管理部门予以制止，限期整改，并可以予以通报或处以罚款。”

第五十二条规定：“未经商标注册人的许可、在同一种商品或者类似商品上使用与其注册商标相同或者近似的商标的，销售侵犯注册商标专用权的商品的，伪造、擅自制造他人注册商标标识或者销售伪造、擅自制造的注册商标标识的，未经商标注册人同意、更换其注册商标并将该更换商标的商品又投入市场的，给他人的注册商标专用权造成其他损害的行为之一的，均属侵犯注册商标专用权。”其后的条款对侵犯商标专用权的各种行为给出了相关的处罚。

《集体商标、证明商标的注册和管理办法》是《商标法》的配套管理办法，1994年12月发布实施，2003年修订，并于6月1日起施行。其中第二十一条规定：“集体商标、证明商标注册人没有对该商标的使用进行有效管理或者控制，致使该商标使用的商品达不到其使用管理规则的要求，对消费者造成损害的，由工商行政管理部门责令限期改正；拒不改正的，处以违法所得三倍以下的罚款，但最高不超过三万元；没有违法所得的，处以一万元以下的罚款。”这一规定规范了证明商标的持有人的管理行为，绿色食品作为证明商标，也遵循这一规定。

2008年6月24日，中国绿色食品发展中心的绿色食品证明商标国际注册通过了美国的核准保护，并颁发了注册证。至此，绿色食品商标除在中国受到商标法的保护外，已在日本、中国香港地区和美国成功注册，并得到了有效的法律保护。

(2)《中华人民共和国农产品质量安全法》及其配套法规。

《农产品质量安全法》于2006年11月1日起施行，其中第八条规定：“国家引导、推广农产品标准化生产，鼓励和支持生产优质农产品，禁止生产、销售不符合国家规定的农产品质量安全标准的农产品。”第三十二条规定：“农产品质量符合国家规定的有关优质农产品标准的，生产者可以申请使用相应的农产品质量标志。禁止冒用农产品质量标志。”第五十一条规定：“冒用农产品质量标志的，责令改正，处二千元以上二万元以下罚款。”

与《农产品质量安全法》配套实施的《农产品包装和标识管理办法》中进一步明确了绿色食品监管的法律依据。第十二条中明确规定：“销售获得无公害农产品、绿色食品、有机农产品等质量标志使用权的农产品，应当标相应标志和发证机构。禁止冒用无公害农产品、绿色食品、有机农产品等质量标志。”第十五条中规定：“冒用无公害农产品、绿色食品等质量标志的，由县级以上人民政府农业行政主管部门按照《中华人民共和国农产品质量安全法》相关规定处理、处罚。”

《农产品质量安全法》及《农产品包装和标识管理办法》从标识的使用、监督和处罚等方面为绿色食品标志的规范使用、监督管理和行政处罚提供了明确的法律依据。

(3)《中华人民共和国食品安全法》。

《中华人民共和国食品安全法》于2009年6月1日起施行，进一步明确了供食用的源于农业的初级产品的质量安全管理，遵守《中华人民共和国农产品质量安全法》的规定。其中第七十五条中规定：“调查食品安全事故，除了查明事故单位的责任，还应当查明负有监督管理和认证职责的监督管理部门、认证机构的工作人员失职、渎职情况。”

《中华人民共和国食品安全法》明确监督管理部门及认证机构的失职、渎职情况，一方面强化了对食品监督管理部门的监督，同时也为规范涉及食品安全认证的认证机构的认证行为提供了法律。

146. 绿色食品监管主要有哪几方面的内容?

绿色食品的监管制度主要分为标志管理和质量管理两部分内容。标志管理包括了《绿色食品编号制度》、《中国绿色食品商标标志设计使用规范手册》及《绿色食品标志使用市场监察实施办法(试行)》等内容，质量管理包括了《绿色食品企业年度检查工作规范》和《绿色食品产品质量抽检制度》。与这两部分制度配套的是《绿色食品标志管理公告、通报实施办法》。

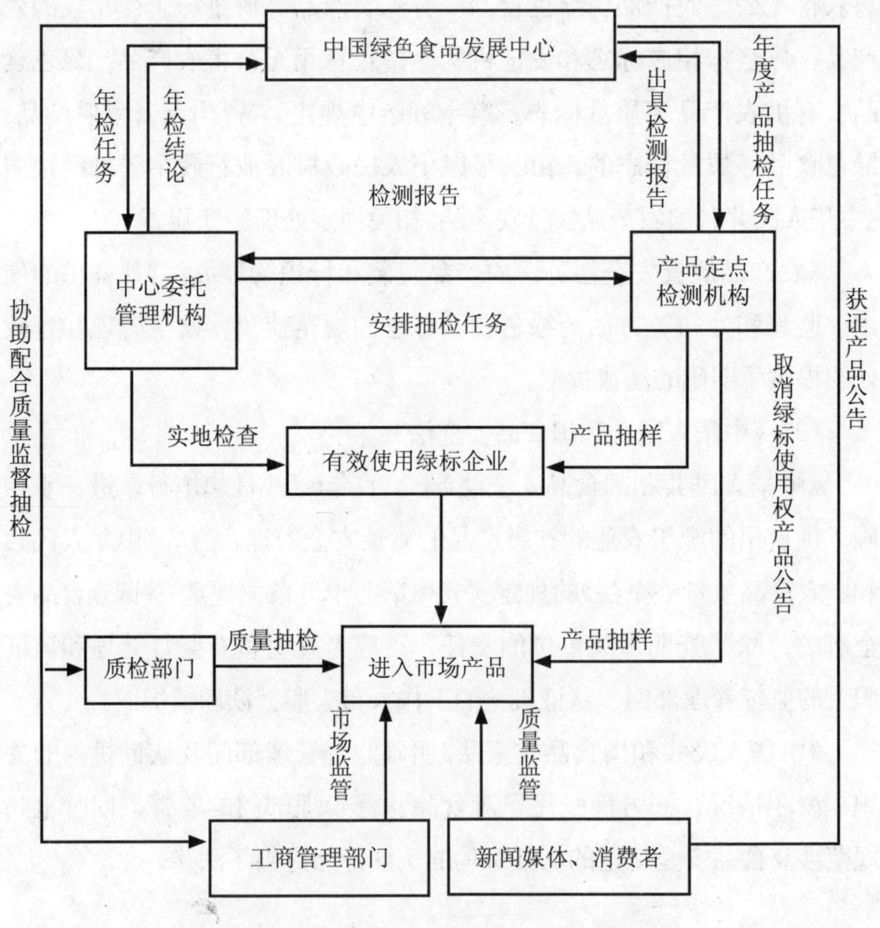

图10—1　绿色食品质量监管体系流程图

147. 什么是绿色食品公告制度？

中心定期对社会公布绿色食品监督管理结果，实现绿色食品产品质量的持续稳定。为了建立健全绿色食品公告和通报制度，加强绿色食品标志管理工作，2003年，中心制定了《绿色食品标志管理公告、通报实施办法》。

绿色食品通过全国发行的报纸杂志和国际互联网等为载体向社会公告绿色食品重要事项或法定事项；以《绿色食品标志管理通报》形式向绿色食品工作系统及有关企业通告绿色食品重要事项或法定事项。

(1) 中心公告的事项：

①通过中心认证并获得绿色食品标志使用许可的产品；

②经中心组织抽检或国家及行业监督检验，质量安全指标不合格，被中心取消标志使用权的产品；

③违反绿色食品标志使用规定，被中心取消标志使用权的产品；

④逾期未缴纳绿色食品标志使用费，视为其自动放弃标志使用权的产品；

⑤逾期未参加中心组织的年检，视为其自动放弃标志使用权的产品；

⑥绿色食品标志使用期满，逾期未提出续展申请的产品；

⑦其他有关绿色食品标志管理的重要事项或法定事项。

(2) 中心通报的事项：

①中心公告事项中的第2至6条内容；

②因产品抽检不合格限期整改的；

③在标志管理工作中作出突出成绩的绿色食品管理机构、定点监测机构及有关个人予以表彰的；

④在标志管理工作中严重失职、造成不良后果的绿色食品管理机构、定点监测机构及有关个人予以批评教育，并作出相应处理的；

⑤绿色食品产品质量年度抽检结果；

⑥绿色食品监管员注册、考核结果；

⑦其他有关绿色食品标志管理的重要事项或法定事项。

148. 绿色食品如何进行标志管理?

绿色食品标志的管理，是指依据绿色食品标志证明商标特定的法律属性，通过该标志商标的使用许可，衡量企业的生产过程及其产品的质量是否符合特定的绿色食品标准，并监督符合标准的企业严格执行绿色食品生产操作规程、正确使用绿色食品标志的过程。

绿色食品标志管理有两大特点：一是依据标准认定；二是依据法律管理。所谓依据标准认定即把可能影响最终产品质量的生产全过程逐环节地制定出严格的量化标准，并按国际通行的质量认证程序检查其是否达标，确保认定本身的科学性、权威性和公正性。所谓依法管理，即依据国家《商标法》、《反不正当竞争法》、《广告法》、《产品质量法》等法规，切实规范生产者和经营者的行为，打击市场假冒伪劣现象，维护生产者、经营者及消费者的合法权益。

绿色食品标志管理工作的目的是确保绿色食品标志使用的规范性，树立绿色食品品牌的整体形象。

(1)绿色食品编号制度。

绿色食品发展了近二十年，编号也经历了多次变革，为方便企业使用绿色食品标志，经中国绿色食品发展中心研究决定，自2009年8月1日起实施了新的编号制度。

①绿色食品编号实行“一品一号”原则，产品编号只在绿色食品标志商标许可使用证书上体现。

②每一家获证企业拥有一个在续展后继续使用的企业信息码，企业需将信息码印在产品包装上，并与绿色食品标志商标(组合图形)同时使用，要求符合《中国绿色食品商标标志设计使用规范手册》。没有按期续展的企业，在下一次申报时将不再沿用原企业信息码，而使用新的企业信息码。

③企业信息码的编码形式为GF××××××××××××。GF是绿色食品英文“Green Food”头一个字母的缩写组合，后面为12位阿拉伯数字，其中1到6位为地区代码(按行政区划编制到县级)，7到8位为企业获证年份，9到12位为当年获证企业序号。

④建立了绿色食品监管信息查询系统。在中国绿色食品发展中心建立企业查询数据库，向社会公开，可通过访问中心网站(www.greenfood.org.cn)获得企业认证产品信息。现正处于新旧编号的过渡期。

(2)《中国绿色食品商标标志设计使用规范手册》。

《中国绿色食品商标标志设计使用规范手册》是以绿色食品标志为核心，对绿色食品标志、“绿色食品”四个字及英译名以及其相互的组合，在产品、广告等媒介上的设计、使用进行规范的指导性工具书，主要供绿色食品管理机构、绿色食品商标标志使用单位、广告设计和制作单位等使用。

手册分为三个部分，分别为基础系统、商标应用系统和宣传广告系统。基础系统中对绿色食品标志、标准色及标准字等基本要素进行了标准化的规定；商标应用系统是对绿色食品作为商标、使用在产品上所作的统一规范；宣传广告系统是对绿色食品标志及相关文字作为事业形象标志，使用在所在可作广告宣传的物体和媒体上所列举的使用范例。

这本手册对统一绿色食品事业整体形象和加强绿色食品标志的使用管理起着重要作用。所有经中国绿色食品发展中心许可使用绿色食品标志的单位，都要严格按照手册的规范要求将绿色食品标志用于绿色食品产品包装和广告宣传等方面。

手册的制定也为普通消费者提供了一个最为直观的绿色食品鉴别真伪的方法，即只有在同一包装上同时使用绿色食品标志、文字、编号及规范语言四项内容时，才可判定其为真正的绿色食品。

(3)绿色食品标志使用市场监察。

为了加强绿色食品标志使用的市场监督管理，规范企业用标，打击假冒行为，树立绿色食品整体形象，维护绿色食品的公信力，中心于2007年2月制定了《绿色食品标志市场监察实施办法(试行)》。

绿色食品标志市场监察是对市场上绿色食品标志使用情况的监督检查，是绿色食品标志管理的重要手段和工作内容。中心负责全国绿色食品标志市场监察工作；各级绿色食品办公室负责本行政区绿色食品标志市场监察工作。

市场监察行动由各地绿色食品办公室在当地大、中城市选取五至十个有代表性的超市、便利店、专卖店、批发市场、农贸市场等作为监察点，对监察点所售标称绿色食品的产品实施采样监察。

各级绿色食品办公室对所采集的标称的绿色食品进行登记和初步确认，并拍摄产品实物照片。中心对各地报送的产品名录逐一核查，对违反有关标志使用规定的，责成有关绿色食品办公室通知企业限期整改；对假冒绿色食品的，通知有关绿色食品办公室提请工商行政管理部门和农业行政管理部门依法予以查处。

通过绿色食品市场监察工作，进一步规范了绿色食品标志及产品编号的使用、查处假冒绿色食品的行为。同时，绿色食品市场监察工作也为绿色食品产品质量年度监督检验提供样品。

149. 绿色食品如何进行质量管理?

绿色食品质量管理工作的目的是确保绿色食品生产过程符合绿色食品相关标准和要求，产品质量符合绿色食品产品质量标准。

(1)绿色食品企业年度现场检查。

为了加强对绿色食品企业的监督管理，确保绿色食品产品质量，中心于2000年开展了绿色食品企业年度现场检查试点工作。通过对试点工作的总结，中心于2002年制定了《绿色食品企业年度检查暂行管理办法》。

近几年，为了利于各地根据当地实际情况，因地制宜、创造性地开展年检工作，使年检制度更加可行和有效，中心在广泛征求各级绿色食品办公室的基础上，对《绿色食品企业年度检查工作规范》进行了修订，简化了工作程序，减少了重复检查，强化了属地管理。

新的年检规范要求所有获得绿色食品标志使用权的企业在标志有效使用期内，每个标志使用年度均必须进行年检。年检工作由省级绿色食品办公室负责组织实施，由标志监督管理员具体执行。年检主要检查企业的产品质量及其控制体系状况、规范使用绿色食品标志情况和按规定缴纳标志使用费情况等。

经现场检查，检查员将根据年度检查结果以及国家食品质量安全监督部门和行业管理部门抽查检查结果，依据绿色食品管理相关规定，做出年检合格、整改、不合格结论，并通知企业。

(2)绿色食品产品年度抽样检查。

为了保证绿色食品产品质量，依据《绿色食品标志管理办法》，中心于2002年4月制定了《绿色食品年度抽检工作规范》，以加强对获证产品质量的管理，提高年度产品抽检工作的科学性、公正性和权威性。

2007年2月，中心制定了《绿色食品标志市场监察实施办法(试行)》，将市场监察的采集产品工作与产品质量年度监督检验的抽样工作合并进行，由各级绿色食品办公室与有关绿色食品定点监测机构共同完成。

所有获得绿色食品标志使用权的企业在标志使用的有效期内，必须接受产品抽检。中心协商各绿色食品定点监测机构，在绿色食品产品标准的基础上，确定抽检产品的检测项目，主要以有毒有害物质残留为主。产品抽检样品主要有两个来源：一是在进行绿色食品标志市场监察时同时采集；二是从企业成品库中随机抽样。

中心依据检测结果对受检企业及产品做出产品合格、限期整改及产品不合格的结论，通知生产企业，同时通报各级绿色食品办公室。

150. 绿色食品监管中如何处置违规问题?

中国绿色食品发展中心在年度监管工作中，对发现的问题和来自生产者、经营者及消费者的举报，指定相关的绿色食品办公室进行核实，及时通知各级监管机构进行查处。查处方式主要为以下几种方式：

(1)限期整改。中心对于企业年度抽检中存在用标不规范、生产环境与管理制度不能满足绿色食品生产要求、产品年度抽检中产品标签及部分感官指标不符合要求的，将对企业做出限期整改的要求。企业在要求的期限内完成整改，并由中心指定的绿色食品办公室进行验收，合格的继续使用标志，不合格的通报取消绿色食品标志使用权，并予以公告。

(2)取消标志使用权。中心对于企业年度抽检中存在使用违规投入品(如在蔬菜果品生产中使用禁用农药、肥料，在畜牧业生产中使用禁用兽药及饲料添加剂等)、产品年度抽检中卫生指标(如农兽药残留、重金属、添加剂、黄曲霉、亚硝酸盐、微生物等有害物)不合格的产品，中心取消该产品的绿色食品标志使用权，并通报生产企业及相关绿色食品办公室，并予以公告。

(3)协商工商管理部门等相关部门进行查处。中心在绿色食品监管工作中，发现确有假冒绿色食品标志的情况，将通报相关绿色食品办公室，要求其协助当地工商管理部门进行查处，并将查处结果上报中心。

参考文献

[1] 张真. 绿色农产品生产指南 [M]. 北京：中国环境科学出版社，2002

[2]赵春生，江灵燕，龚建春等. 有机农业基础知识200问 [M]. 北京：中国农业大学出版社，2006

社会主义新农村建设书系
服务“三农”重点出版物出版工程

《社会主义新农村建设书系》是浙江大学出版社以高度的社会责任心，精心组织实施“服务‘三农’重点出版物出版工程”，策划、出版的一套优秀“三农”出版物，为服务社会主义新农村建设做出应有的贡献。

本套丛书围绕以下四大板块策划选题：一是农村政策法律解读板块，包括农村基层组织建设、村镇党员干部培训、思想道德建设、法制普及、农村未成年人思想道德建设、村镇财务制度规范等。二是种植业、养殖业板块。三是社会主义新农村建设板块，包括海上浙江建设、村镇民居建设、生态环境保护、农家乐的开发与经营等。四是知识普及板块，包括科学知识普及、传统文化普及、文学艺术知识、医学健康知识、体育锻炼知识等。

本套丛书的选题在编写上、制作上以农村读者“买得起、看得懂、用得上、能致富”为原则；符合广大农村读者需求，贴近农民群众实际需要；通俗易懂，便于操作掌握；知识准确、不误导读者。

本套丛书融知识性、实用性、通俗性于一体，系统而全面，分类清晰，可帮助广大农民朋友快速了解、掌握和运用实用知识。

本套丛书可作为农民的知识普及性读物，也可作为社会主义新农村建设农民培训用书。

书目如下

国家“三农”优惠政策300问
网上开店卖农产品200问
农民金融与保险知识300问
农民财务与税收知识300问
农民工商企业管理知识300问
农民学电脑用电脑210问
农民学法用法300问
十字花科蔬菜高效栽培新技术70问
农村生活污水处理160问
养老知识300问
传染病防治216问
慢性病防治200问
健康膳食248问
绿色食品150问
无公害农产品150问
有机食品150问
农产品经纪人(中高级)实务
农作物植保员(初级)
中华鳖高效健康养殖技术
蓝莓栽培实用技术
农产品经纪人(初级)
居家养老护理
老年慢性病康复护理